张承民 —— 编著

● △ ◆ ○ ▲ ◇

牛顿科学馆

奇妙的太空探秘

随神舟进入太空课堂

北京师范大学出版集团
BEIJING NORMAL UNIVERSITY PUBLISHING GROUP
北京师范大学出版社

卷首题词

太空探索激励孩子们
插上科学翅膀，践行科
学梦想！

欧阳自远
二〇一四年五月十八日

中国月球探测工程首席科学家，中国科学院院士、
第三世界科学院院士，国际宇航科学院院士、中国科学家协会荣誉会长

这是一本趣味盎然、亲近太空、激发兴趣、关爱童心的少儿图画书。通过生动的故事，讲述太空与天文学的知识，视觉新颖，启迪智慧，让孩子们在阅读中享受走近科学的心灵体验。

小朋友们，我希望你们能喜欢这本书。

联合国教科文组织卡林伽科普奖获得者，
中国自然科学博物馆协会名誉理事长，中国科技馆原馆长

致 谢

本书的初心与使命

　　首先感谢中央电视台（CCTV）盛情邀请本人作为现场嘉宾，参加《太空新旅，天宫课堂》直播讲解，使我在 2013 年 6 月 20 日与全国 6000 余万中学生一起分享了"世界最高太空课堂"的全程互动，解说和诠释中国航天员王亚平、聂海胜、张晓光的尽善尽美的太空失重实验。无疑，太空课堂激发了广大青少年学习科技知识的热情，鼓励他们了解航天并热爱航天，可以说这实现了一代航天人和科研工作者的光荣与神圣的使命。其次感谢主持人张泉灵及其太空课堂节目组地面解说和策划团队，由于他们的智慧和敬业、精心合作、夜以继日地组织模拟、启发引导，我们才能一起顺利地完成这一具有非凡历史意义的里程碑式的科普课程互动。时至今日，每当回首往事，仍觉心潮起伏，心怀敬意之情。

　　太空课堂的讲解刚刚结束不久，全国各地的教育机构的邀请和孩子们的问题就像雪片飞来，于是乎我走进校园，为孩子们亲自回答和讲解太空微重力环境的各种奇妙现象。在此，我深深地感谢那些老师和校长们，他们的热情加上同学们那孜孜以求的好奇心，让我为之感动，我精心地思考和解读他们的问题，也常常愧疚于时间紧迫而未能给予深入和广泛的解惑，在此一并致谢的单位有北京市第三十五中学、北京一零一中学、北京市牛栏山第一中学以及北京市苹果园中学等。

　　为了使全国各地的青少年朋友都能够共同分享太空课堂的喜悦和遨游知识海洋的乐趣，将太空失重实验的科普知识有效传播，继续完成中国航天员们的梦想，系统梳理太空知识，留存文字书籍记录，便于学习阅读参考，使中国航天创立的最大太空课堂彰显于世界，树立中国的科学自信心，最大限度传播科学知识，于是在诸多老师和学生的建议与鼓励下，本书得以应运而生。在本书的酝酿、筹划、起草、整理、修订、校对、出版过程中，涉及数十人的参与建议和无私奉献，在此粗略罗列部分鸣谢名单以示谢意。

　　本书的卷首题词是写给青少年朋友的鼓励期许话语，源自我国两位资深的科学家，中国月球探测工程首席科学家、中国科学院院士欧阳自远研究员，以及中国科技馆原馆长、联合国教科文组织卡林伽科普奖获得者李象益教授。推动和激励本人写作本书的还有许多长期致力于科普的工作者，诸如北京市科学文化传播促进会会长袁志宁先生，国家天文台研究员、月球与深空探测科学应用中心主任李春来。

　　每当本书素材成型始末，一串名字常常浮现在致谢之列，季慧、刘鹏、张月竹、刘珊珊、刁振琪、于叶影、郭恒源、藏冉冉、刘斯琪、钱航、叶长青。

张承民
2020 年 5 月 5 日于北京

前　言

　　本书是中国首次太空授课的记忆趣话，探秘失重的太空课堂。2013年的中国首次太空授课是继美国宇航局之后人类历史上的第二次太空课堂。中央电视台全程直播，中国航天员驾驭神舟与天宫执教"世界最高课堂";全国 6000 余万师生通过电视直播同步观看这堂课并参与天地互动,全球 2 亿观众倾情收视,堪称"全球最大课堂"。

本书围绕这次太空授课内容,趣味解读航天员的失重实验,介绍各种相关的奇妙现象。同时,引领青少年追随太空的梦想,体验奇妙的太空旅程,兴致盎然地探索太空奥秘。在太空回望地球、遥望星空,那该是怎样的激动呢?

本书富有知识性、趣味性、故事性、启发性,通过生动形象地描述太空中的奇特现象,叩开孩子们探秘的心灵窗口。地球,这个拥挤的人类摇篮,让我们萌发出飞向太空、寻找新地球的渴望。空间科技的进步,为我们插上了梦想的翅膀,让我们飞翔在宇宙深处,去找寻伊甸园,还有来自外星的伙伴们。

本书导读建议

全书写作分为上中下三篇:上篇,侧重太空课堂的实验介绍;中篇,主要展现太空课堂相关的互动知识;下篇,围绕太空课堂的知识点进行扩展。

引言：我们为什么要飞向太空？

　　地球是生命的摇篮，人类不可能永远躺在地球的摇篮里，飞向遥远的宇宙、寻找新的行星家园，这是人类的未来梦想。随着现代高科技的发展，航天和电子信息技术的不断进步，我

们的梦想就像插上了翅膀，相信不久就可以实现宇宙遨游。

太阳的寿命大约是 100 亿年，目前已经过去了 46 亿年，在剩余的 50 多亿年生命中，太阳会慢慢膨胀，最终变成一个红色巨星。到那时，太阳的边缘就涨到了地球附近，其几万度的高温灼热、高能粒子流冲击将吞噬地球，这是 50 多亿年后地球可能出现的末日景象。虽然听上去距离现在还很久远，但是有些人预言如果某一天地球遇到了天外飞来的小行星撞击，那么人类面临灭顶之灾也许是在所难免的。如此一来，人类寻找新的未来家园恐怕是延续生命的必然逻辑。

还有，伴随着地球生态环境的恶化，人类生存的风险不断加剧。人口膨胀、全球变暖、地球资源的有限性，这一系列的梦魇也催促着人们探索太空的脚步。如果人类对地球环境保护不力，继续砍伐森林，巴西亚马孙热带雨林就可能在未来的 20 年内消失。那时，地球的氧气将减少五分之一，人类和动物的呼吸必将面临困境。所以，人类生存环境面临的危险就在不远并可见的将来。

假如全球的二氧化碳排放失控，产生温室效应，导致气候的恶化，那么必然会带来严重的后果。例如，北极生物将受到巨大威胁，北极熊、海豹等物种岌岌可危；北极冰川所储存的大量淡水会注入海洋，使海平面上升 7 米；海岸城市也将受到波及，像马尔代夫这样的大洋岛国可能会永远沉没。

假如南极冰川融化，甲烷大规模释放，地球暖化的速度会远远超过二氧化碳的影响，那时后果的严重性更是无法想象的。所以，人类在地球生存其实面临着巨大的暖化风险。

目前，在人类已知的宇宙中，地球是唯一具有生命的星球，她经历了46亿年的漫长演化，由一个寂寞的无机世界，进化为一个充满多样生命的载体。地球幸运地拥有太阳提供的光和热、拥有孕育万物的水、拥有保护生命生存的大气层、拥有维护生

命营养物质的土壤……地球创造了繁荣的生物世界，孕育了200多万条食物链，还有高级智慧生物——人类。地球是生命的摇篮，是人类唯一的家园。

地球难道真的就是茫茫星海中唯一有生命存在的行星吗？我们所在的银河系有2000亿个太阳系，而宇宙大约有2000亿个银河系，所以不难想象，宇宙中还会拥有诸多个像地球一样的行星。21世纪，飞向太空、飞出太阳系、寻找外行星，这势必是一个热门的话题。

目 录

导读课　太空失重与超重

• 牛顿和苹果的故事

　　重力是从人类诞生，或者从地球诞生时就已经存在的，被发现却是在 300 多年前。当时英国有一个物理学家叫牛顿，他在树底下躺着的时候，被一个掉落的苹果砸中了。大部分人被苹果砸到以后会觉得这是一件很不幸的事情，可是牛顿却在思考：这个苹果为什么落下来？为什么没有往天上飞呢？他认为，这可能是一种力。当然，后来经验证就是万有引力，它是直接指向地心的。从这个角度出发，牛顿又接着想月亮为什么没有掉下来呢？他设想，月亮也是会受到万有引力的，由于它在轨道上的运动能产生另外一个力，抵消了万有引力，所以月亮能在轨道上不停地运动。后来牛顿发现，在地面上建立的万有引力理论同样可以应用于宇宙天体中，因此现在整个太阳系、行星、轨道都是基于这个理论。所以牛顿从一个苹果出发，引导我们走向了一个神秘的空间宇宙世界。

其实苹果掉在牛顿头上还可以有很多有趣的解释。从哲学的角度解释，这叫偶然中的必然；从植物学的角度解释，这叫瓜熟蒂落；从数学的角度解释，这叫概率可能性大；从人文学的角度解释，这就叫倒霉，不！是幸运。很多人遇到这种苹果下落的现象，觉得很普通，但牛顿却会动脑筋想一想这是为什么，所以他最后成了著名的物理学家，并且他发现的万有引力定律等理论统治了整个经典物理学界，至今已300多年，这就是科学的态度和科学的探索。所以同学们要多动脑、多思考，以后也有机会成为伟大的物理学家呢！

•月亮为什么掉不下来？

当我们把弓箭射向天空，不久后它就会落回到远处的地面。炮弹打向远方，最终还是在很远处落回到地面。弓箭和炮弹因为地球的引力落回到地面，那么月亮也受到地球的引力作用，为什么没有落回到地面呢？牛顿是这样想的，由于月亮飞行的速度快，围绕地球的高速圆周运动可以产生离心力，以此克服地球重力，保持轨道运动。那么这个太空轨道的运动速度是多少呢？7.8 千米 / 秒，这是人类日常生活中无法想象的速度。例如，高铁速度是 350 千米 / 时，也不过是将近 100 米 / 秒；百米飞人博尔特的速度也只是约 10 米 / 秒。要想达到 7.8 千米 / 秒的速度，只得求助于火箭了，可不是弓箭呀！

• 为什么在海南发射航天飞船呢？

小朋友们知道吗？我国最新的航天发射场建在了海南省，这也是我国的第四个航天发射场，那么为什么偏偏选中了海南呢？我们知道海南是我国陆地省份中纬度最低的，也就是离赤道最近的地区，而火箭发射场与赤道的距离越近、纬度越低，发射卫星时就可以更好地利用随地球自转的离心力，这样就可以用更少的燃料，让火箭飞得更远，成本也会降低很多。而且将发射场选在海南，火箭就可以通过水路运输，同时发射后火箭的残骸可以坠到大海中，降低了造成意外风险的可能性。同学们是不是没有想到，一个海南发射场的背后原来有这么多的科学秘密啊！

在发射宇宙飞船时，利用地球的自转可以尽量减少发射时火箭所提供的能量，那么最理想的发射场地应在地球的什么位置呢？地球自转是围绕地轴自转的，所以地球上各点纬度越高、自转半径越小，又因为自转的周期和角速度是一定的，所以纬度越低、自转半径越大，自转的线速度就越大，而运动物体获得的离心力与线速度成正比。根据速度公式 $v=\omega r$ 可知，地球上各点自转的角速度 ω 是一样的，那么自转半径 r 越大的地方建立发射场就越好。自转半径最大处在赤道，故理想的发射场地应靠近赤道。欧洲航空局的库鲁航天发射中心靠近赤道，其位置约为北纬 5°，美国宇航局的卡纳维拉尔角发射场设在佛罗里达州，其位置约为北纬 28°，这些发射基地均是考虑了低纬度要求，使得发射尽可能地借助地球自转速度。

· 超重与失重

假如一只小熊在地面上称重是 40 千克，那么在运动电梯里它的称重是多少呢？

当电梯加速上升时，小熊的称重显示变成了 60 千克；而当电梯自由下落时，小熊的称重则显示变成了 0 千克。

前者叫作超重，而后者叫作失重。

　　人体的重量是地球引力产生的受力指标，我们通常所说的重量就是"站在地球表面静止不动时受到的竖直向下的力的大小"。假如，我们在运动的电梯里，电梯静止时，人体受到的重力与面板的支撑力平衡，两者大小相等并方向相反（重力是人体质量与地球重力加速度的乘机）。电梯启动上升之时，向上加速运动，人体受到额外的力，这个力与支撑力方向一致，所以人体感觉到"重"了，这叫超重。反之，电梯向下加速下降，额外力向下，所以人体感觉到"轻"了，这叫失重。获得真实感觉的最好办法就是同学们在电梯上试验一下。所以，航天员出发时会经历超重过程，而返回地球时会经历失重过程。

　　具体过程是，火箭发射加速运动，航天员上升，附加惯性力，造成超重；飞船返回，几乎自由下落，飞船对人体失去支撑，造成失重。

　　太空飞船在地球轨道做圆周运动时，由于人体重力被圆周运动离心力抵消，航天员感受不到重力，处于失重状态。但是，人体的质量没有消失。重量是一个受力状态的描述，超重和失重时，人体的称重会发生变化，但是质量不会变。

· 微重力环境的奇妙现象

　　微重力是指物体受到的力不超过地面重量的万分之一，因此围绕地球飞行的太空站就是微重力环境，在这里人体所受的地球引力与航天器轨道运动的离心力几乎抵消。我们强调一下，在轨道空间站上地球引力依然存在，只是感觉到的重量被离心力抵消了，所以失去重量了。也就是说，没有重量不等于没有引力。

　　由于太空和地球表面环境有很大的不同，地球表面为 1g 重力环境，而太空处于失重或微重力环境。在太空的航天员，吃、穿、住、行等都要适应这种漂浮状态，飞船舱内的物品，如果不用带子固定，都要飘着。航天员要想行走，只能用双手推拉舱壁使得身体移动。若是出舱活动，则需要特殊装置来帮助航天员走动。在失重条件下，人体所有与重力有关的感受器将发生适应性改变，四肢已感觉不到重量，人体感觉不到头部的活动。这种异常的感觉会使航天员产生定向错觉，当用手推拉航天器舱壁时，航天员感觉不到自己在前后运动，而会认为航天器在前后运动，自己是静止不动的。

非常有意思的是，在微重力环境下，航天员们个个"武功"了得，他们可以轻松地完成那些在地面上不可思议的动作。例如，用手举起另一个航天员、随意在空中翻滚等。如此反常的环境会使航天员出现头晕、目眩、恶心、困倦等症状，也会对体内器官造成影响。由于缺乏重力的向下吸引，身体血液会向上半身和头部转移，出现颈部静脉鼓胀，脸变得虚胖，鼻腔和鼻窦充血，鼻子不通气。而体液的转移会使航天员出现血浆容积减少，血液浓缩，导致贫血。太空医学已进行了大量的研究，并采取一定的防护措施，缓解太空"疾病"。

· 动物的太空失重反应

众所周知，在太空中航天员是处于失重状态的，在此环境下他们会感觉到身体轻盈，就像我们看到的大多数航天员的照片，他们都飘浮在空中。其实，我们的生活中也会出现一些失重的现象，最常见的就是，在我们坐电梯下行加速和上行减速时会感觉自己脚很轻松，有点飞起来的感觉，这便是失重现象。

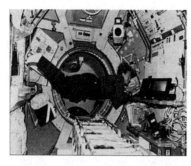

　　不知道大家有没有想过，如果将动物放进太空中，它们会有什么反应呢？其实自 18 世纪以来，人们就开始将动物放进气球和飞机上进行试验。1783 年，绵羊、鸭子和公鸡成为第一批在空中飞翔的动物，它们乘坐着新发明的热气球飞行了3.2 千米后安全着陆。

　　人们都知道发射火箭需要耗费大量的人力与金钱，科学家们为什么还要不断地将动物送进太空呢？在早期探索太空时，人们并不知道人类能不能在太空环境下生存，太空到底会对人类的身体造成什么影响。因此科学家通过研究太空对动物的影响，进而研究出太空辐射和失重对人类的影响。1957 年苏联使用人造卫星二号将一只名叫莱卡的流浪狗送进太空，并成功环绕地球运行一周。它是第一个穿越大气层、进入太空的动物，比第一位人类太空旅行者早了近 4 年。虽然已经过去半个多世纪了，但是莱卡的名字仍然广为人知。

那么动物在遨游太空时它们是如何应对失重的呢？通过研究我们发现，动物在失重环境下的反应主要呈现出三种状态：第一，有些动物极为恐慌，处于完全混乱的状态，表现为疯狂地舞动身体。最为惊讶的是，那些地球上看起来最能适应太空环境的"飞行员""游泳健将"，在失重的环境下，反而表现得最为恐慌。第二，另一些动物则恰恰相反，它们好像完全呆住了，不知所措，似乎希望这种奇怪的影响会自行消失，或者无所适从地接受了现实。第三，还有一小部分动物，它们表现得很镇定，而且不断地尝试在失重的环境运动，似乎是想弄清楚如何能在太空中高效"游泳"。

养过宠物的朋友们可能知道，"喵星人"（猫的网络昵称）的动作非常敏捷，即使被蒙住眼睛，也能正常走路，而且很擅长跳跃，即使是从几层高的小楼上跳下去都能平稳安全地着地。在太空环境中，"喵星人"的条件反射不能帮助它们适应失重环境，它们只能在空中来回盘旋或以直线平移，不断寻找落脚点，直到撞到什么东西才能停下来。有时也能看到"喵星人"一边倒立一边旋转的滑稽景象。在太空中鸽子也不能正常飞行，因为无法对上下方向进行判断而飞得东倒西歪，仿佛慌张到神经错乱一般。

　　壁虎之类的树居爬行动物的表现就要聪明得多，它们会以类似人类跳伞时的姿势来适应失重的环境。国外的研究团队曾经做过一个有趣的实验，在失重的环境中将很多种爬行动物扔出，他们发现飞行动物的"亲戚们"能很快地适应失重环境下的飞行。

研究发现，鱼类是最能适应失重的动物。因为水中的浮力与太空中的失重两者有着很多的相似之处，所以无论是在太空还是在地球上，它们都能在水中愉快地玩耍。有实验表明，在失重的环境中，鱼儿们依然能惬意地玩着水中的气泡。

失重环境下的昆虫们被人们研究的次数最多，试验结果也因昆虫种类的不同而不同。一些试验表明，诸如果蝇之类的物种，在失重情况下可以进行点对点飞行。也有研究指出，苍蝇以及其他物种在失重的情况下会绕圈飞。飞蛾在适应失重环境之前会一直挣扎。诸如蛇和苍蝇之类的简单生物看起来好像在走一个极端，它们要么很适应失重环境，要么就干脆不适应失重环境，它们没有什么学习能力，全凭自身天赋。

即使在今天，生物实验也是太空飞行的常规组成部分。动物为我们理解、研究太空生活做出了很大的贡献，也许，将来它们也会成为人类太空生活不可缺少的伙伴。

专栏：太空失重之性别差异

1963 年 6 月 16 日，苏联女航天员捷列什科娃进入太空飞行，成为人类历史上首位女航天员。这些航天界的"半边天"一直受到全球关注。我国已经有两名女性航天员刘洋和王亚平先后享受了神舟与天宫的太空之旅。截止 2014 年，全球共选拔出近百名女航天员，有 59 名航天员飞天，其中美国航天员 46 名，独占鳌头。全球女航天员的人数约占航天员总数的 20%，相比于男性，女航天员上天要克服更多的困难，但也有其独特的优势和意义。

针对女航天员的培养，美俄两国态度不同。美国宇航局自 20 世纪 80 年代以来就开始训练女航天员，其比例越来越大，而且还培养出两名女航天员成为航天飞机的机长。苏联和俄罗斯的情况完全不同。虽然第一个上天的女性是苏联人，第一个完成太空行走的女性也是苏联人。俄罗斯航天医学和生物学科学家声称：地面模拟实验表明，女性身体太虚弱，不能耐受载人航天的恶劣环境，未来的载人火星飞行不需要女航天员。生儿育女是女航天员需要面对的问题，据统计，80% 以上的美国女航天员没有要小孩，女航天员怀孕后，存在易于流产等症状。目前我国女航天员将已婚生育作为一个选拔条件，这是为规避太空飞行对女航天员生育的影响。

　　太空行走时，女性的体力不如男性。航天员在太空不仅需要行走，而且需要完成各种太空维修保养、设备安装和科学试验任务，这些工作都需要肢体的力量来完成。心血管功能，男女各有所长。航天员的耐力实验发现，女航天员容易出现晕厥前期症状，心率明显增加，血压明显降低。在心理层面，太空工作需要女性参与。从生理构造、心理素质来讲，女性耐久力比男性强，心理素质稳定性高于男性，男女搭配在空间站工作可提高工作效率，减少错误率。

　　左上图，苏联航天员瓦莲京娜·弗拉基米罗夫娜·捷列什科娃实现人类第一次女性飞天。右上图，萨莉·赖德，是美国历史上首位进入太空的女航天员。左下图和右下图，中国航天员刘洋和王亚平。

　　研究人员还发现，在太空旅行中男性和女性都有各自的缺陷。例如，一方面，在太空辐射问题上，女性受到辐射诱发癌症的可能性较大。同时，女性有更严重的体位性不耐受，也就是返回地球时虽然没有昏厥却出现难以站立的现象，男性却能更好地应对着陆。在太空中女性尿路感染更常见。另一方面，女性在航行中较少会有视力或听力损伤，男性中有80%显示出了颅内压综合征带来的视力障碍，但在女性身上的发生率却比男性少20%。

第一课　太空如何测体重

课堂导入：重量和质量的测量方法

我们都很关心自己的体重，尤其是女孩子。在太空中就更要注意自己的身体状况了。那么如何在太空中称重呢？是使用弹簧秤，还是使用天平？

我们先来回顾一个地球上称重的经典案例吧。古时候一个聪明的小朋友想出了测量大象质量的方法，他是谁呢？没错，他就是曹冲。他先让大象站在船上，在船舷上做水线标记，然后再称量与大象等质量的石头的质量，从而得出大象的质量。这就是著名的"曹冲称象"的故事了。这种方法类似于天平称重，是测量物体的质量，即大象和多少块石头的质量相等。

可是太空飞船中既没有水和浮力，也没有重力，那该怎么办呢？平时，我们只要用电子秤和弹簧秤就可以方便地知道自己的体重，那是因为在地球上，人受到的重力等于弹力，这个测量便是我们平时说的"体重"了。可是在太空无重力的环境下，电子秤和弹簧秤就起不上作用了。但这并没有难倒我们，科学家们在天宫一号上设置了特殊的"秤"。

课堂回顾：太空测量质量

在天宫课堂中，指令长聂海胜为我们演示了太空中测量自己的质量的方法。他抱紧支架，将自己固定在支架一端，王亚平老师将连接运动机构的弹簧拉到指定位置。松手后，拉力使弹簧回到初始位置，质量测量仪根据测量到的速度，计算后就能显示出聂海胜的质量为 74 千克了。王亚平老师解释说，质量（m）测量仪通过弹簧产生力（F）并测出力的加速度（a），然后根据牛顿第二定律（$F=ma$）就可以算出质量。

这是什么原理呢？王亚平老师给了我们一个启发。两个同样的弹簧，吊着不同质量的物体，在地球上肯定是一长一短，质量大的弹簧更长。但在太空中没有重力，两个弹簧会保持原样，当它们被拉到相同位置后，由于弹簧回弹的弹力（弹力系数）不变，所以两个弹簧回弹的速度会不一样。最后的结果就是，质量大的物体回弹速度慢，质量小的物体回弹速度快。因此，通过测量速度，航天员就可以获得质量的数据。

试想一辆大货车和一辆小轿车，以同样的马力发动，哪辆车的速度变化更快呢？没错，当然是小轿车更快，因为大货车的质量更大，因此需要更大的力去推动才能获得同样的速度。其实，这种测量的原理是牛顿第二定律。

·为什么混淆重量和质量？

有的同学可能发现了，质量与重量的概念是不同的。许多人一直把这两个概念弄混，也许你的爸爸妈妈都认错它们了！

质量是表示物体所含物质的多少，要用天平和杆秤来称。我们平时用弹簧秤和电子秤量的体重其实是由于地球重力产生的"重量"，再经过计算得出"质量"，即体重。

"质量"和"重量"为什么经常混淆呢？那是因为，我们通常在同一个地点谈论这两个量，所以两者可以等价处理。假如，我们在地球的北极和赤道讨论这两个量，就能清楚这两者的区别了。在北极与赤道称重比较，质量相同，但是在北极称的重量稍高。

质量不随物体形状、状态、空间位置的改变而改变；而重量是物体受万有引力作用后力的度量，随物体所处的位置而变。质量的单位是千克（kg）、克（g）等质量单位；而重量的单位是牛顿（N）等重量单位。因此，测量质量要用天平，而测量重量要用弹簧秤。

如果北极熊在赤道测量体重，会发现比在北极测量会轻一些，但实际上它并没有变瘦，也就是说，北极熊的质量没有变，那么为什么它的体重变轻了？主要是由于地球的自转产生了离心力，越靠近赤道，离心力就越大，这也是为什么我们要在海南建立火箭发射基地的原因。利用较大的离心力，就可以节约发射火箭的能源。其实，北极熊在赤道的重量比在北极轻，原因有两点。首先，地球在赤道位置凸出约20千米，由于离地球重心更远了，北极熊的重量会减轻约0.5%。其次，地球自转所产生的离心力也会将重力再减轻0.3%。结果，一只在北极的北极熊到赤道也会变"轻"，然而，北极熊的质量在两地是一致的。

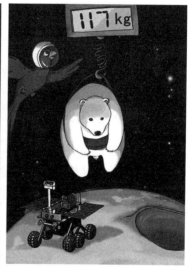

北极熊质量 – 重量表格

	北极	北京	赤道	月球
质量 / 千克	700	700	700	700
重量 / 牛顿	6882	6861	6846	1141

· 月球称重：质量不变，重量减为地球的六分之一

如果在月球上用电子秤和弹簧秤称体重，每个人都会轻得不可思议。在月球上轻轻一跳就能跳出很远很远，跳高轻松一跳就跳到了 5 米高，这比地球上的跳高世界纪录高了一倍还多。因此，在太空失重的环境中，能够四处飞翔的我们踩在电子秤上，显示的数字也基本是零。虽然没有重量显示了，但这不代表我们就没有了体重。只要用正确的方法测量质量，航天员在太空也能知道自己是胖了还是瘦了。

课堂总结

简单地说，重量可以简单地理解成物体在地球或星体上受到的它们的引力。如果物体进入太空，那么它的质量不变，重量改变。例如，在月球上物体的重量只有地球的六分之一，但它的质量没有变化。所以，质量是物体的一种固有属性，不随物体所在的地点的变化而变化。

· 地球质量如何称？

搞清楚"质量"的概念以后，有关地球质量的研究就自然而然地摆到了科学家们的面前。人们意识到地球是如此之大，

自然无法搞一个弹簧秤去称量。但如果我们利用牛顿万有引力定律，是否可以实现称地球的质量？我们在某一地方测出物体所受的重力，就可以求出地球的质量。在地球上，物体的重量就是地球对物体的吸引力。

1750 年，英国 19 岁的科学家卡文迪许运用牛顿万有引力定律"两个物体间的引力与它们之间的距离的平方成反比，与两个物体的质量成正比"，通过利用细丝转动的原理，设计了一个测定引力的装置，用一个铅球作参照测量并计算出地球的质量约为 6×10^{24} 千克。当今，运用现代科技测量的结果约为 5.976×10^{24} 千克。

专栏：太空晶体的生长奥秘

在晶体的结晶过程中，高温熔融的原液冷凝成固体，液态材料冷凝时会出现有空间排列规律的生长模式，而重复的模式组合在一起的材料称为晶体，其原子或分子在空间按一定规律周期重复地排列。具有空间分布上的周期性，这种规律排列分布是晶体的基本特征。这样的解释听起来或许有些过于学术性，环顾身边，我们每天都会使用晶体产品，诸如冰糖、盐、矾、石墨、钻石等都是晶体。

图示：钻石的晶体结构，主要成分是碳元素（C）

结晶过程可能导致固体材料内部的元素成分分布不均匀，杂质会挤入晶粒之间，晶体的生长不可避免地受重力影响而产生缺陷。如果试图提高晶体的技术指标，应尽量减少其缺陷以期达到完美的晶体结构，科学家便尝试控制晶体的生长条件。太空的微重力环境是将重力影响控制在一定范围，可以保证晶体的晶格排列整齐，晶体生长均匀，大大提高了晶体的完美程度。还有，在太空失重环境下，晶体可以采用悬浮生长模式，这就避免了容器污染，可获得理想的晶体。

晶体元器件是现代高科技产品的重要组成部分，比如，微芯片、摄像机、辐射探测器、航天材料、半导体、飞机和潜艇的玻璃窗、哈勃望远镜等产品都要依靠晶体技术。许多药品也是晶体。科学家们利用蛋白质的结晶技术制作药物，帮助病人解决了很多疑难杂症，赫赫有名的胰岛素便是案例之一。太空微重力晶体结晶实验始于20世纪70年代，美国宇航局的科学家在卫星上开展了大量相关工作。可以说，微重力结晶技术与人类的未来息息相关。

20世纪80年代，欧洲航天局空间实验室1号的科学家在其中进行了微重力环境拉制单晶的实验。他们将地球上生长晶体的设备和方法带到太空，在空间站实验室上重演了制作半导体硅和锑化镓晶体的过程，这一成功实施，重新书写了晶体生长研究的历史，开创了晶体制备的新时代。

在太空实验室，科学家采用地球上的硅单晶生长法"区熔法"和同样的生长设备。该制法首先加热半导体棒料的一端，使得产生一个熔解区，再熔接单晶籽晶，并调节温度使熔区缓慢地向棒的另一端移动，将整根棒料生长成一根单晶。为了深入了解太空晶体生长，我们走进晶体实验的具体操作过程：在一个密封炉体内，使用两个作为加热源的卤光灯，聚焦于炉体的焦点上，形成一个熔区，熔区因加热炉移动而移动。单晶硅的生长是用一定形状的多晶硅棒做原料，在惰性气体——氩气的保护下通过掺硼工序逐步完成的，由于惰性气体的化学性质不活泼，可以对生产结晶的过程形成一定的保护。在太空，航天员通过程序控制装置自动调节卤光灯的功率，生长单晶硅时，卤光灯功率是 200～800 瓦特，晶体在生长过程中以 8 转 / 分的速度旋转。随着炉体的移动，晶体以 5 毫米 / 分的速度慢慢生长，这次实验的生长时间大约为 20 分钟。

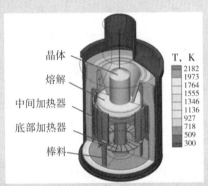

图示：晶体生长制作设备，右面数值是温度指示

在太空中生长单晶硅和锑化镓，整个过程有录像、实验数据完整、记录翔实且步骤清晰，这为进一步大规模开发太空晶体奠定了基础。当进行实验结果复盘分析时，人们惊奇地发现，太空生长晶体所呈现出的"生长条纹"与地球上生长晶体的条纹有明显的不同。科学家们从太空晶

体实验中发现了一系列的新概念和新理论。

我国于 2016 年发射的"天宫二号"太空实验室，其中也搭载了太空晶体实验，包括通过"碲溶剂法"用综合材料实验装置进行微重力下 ZnTe（多晶碲化锌）：Cu 晶体生长的科学实验和 Al-Cu-Mg（铝-铜-镁）单晶合金的定向凝固生长实验、磁性半导体和高性能热电半导体晶体实验，介孔基纳米复合材料，组元复相合金，单晶金属合金，闪烁材料，新型金属基复合材料，铁电薄膜红外焦平面列阵，红外探测器材料，偏晶合金空间定向凝固，以及材料制备实验装置分析实验和模型研究。ZnTe 是太赫兹材料，是用于我国实现建造更为高效且灵敏的外太空探测器的重要材料。我国航天员和科学家探索了微重力下生长晶体的组分分布均匀性、缺陷浓度，研究揭示微重力下生长高性能晶体的过程和机制。

对太空生长晶体的不断探索，给人类在宇宙生产设备的研制、产品的设计以及生物和材料科技方面提供了无限的可能和重要的指导依据，人类开发宇宙和移民太空的梦想已不是遥不可及的事情了。

第二课　太空秋千永不停

课堂导入：地面秋千和太空秋千有什么不同吗？

同学们是否曾经梦想过在太空荡秋千的浪漫情景？航天员王亚平在天宫实验室为我们演示了这一奇妙现象——太空单摆，也就是太空荡秋千。可是那个秋千竟然不停地转起来，为什么不是来回摆动呢？同学们想一想，地面秋千与太空秋千有什么不同？

• 实验：制作简易单摆

一条细绳悬挂一个小球，推动它一下，让它摆动起来，便形成了一个简易的单摆现象，其形成的原因来自地球重力。开始小球向上运动，由于重力减速而停止，接着又向下运动，越过平衡点后再向上运动，如此反复形成摆动。小朋友可以亲手制作一个，实际上生活中也有许多单摆的应用。

• 单摆实例 1：伦敦的大本钟

同学们记得英国伦敦有个大本钟吗？老式座钟也是单摆在生活中的应用，它的钟摆运动规律平稳，经由齿轮驱动指针走动，每次摆动的时间基本相同，保证了计时的准确性。但是小朋友要记住，每隔一段时间，我们要上发条，不然钟摆就因为摩擦力而慢慢停下来。

1859 年 7 月 11 日，大本钟首次整点报时。英国钟表师说，大本钟每三天就会失去动力，所以他们每周必须爬上去三次，为它上弦。同时他们可以通过调整钟摆上方放置的小钱币，调整大本钟走时的快慢。例如，每增加 1 便士硬币，大本钟一天就会调快0.4 秒。看来，时间就是金钱，这是大本钟上总结出的道理。摆钟的原理是利用单摆的等时性，而摆动的周期取决于摆长和地球的重力加速度。由于后者固定，所以控制摆长就可以调整周期计时。

• 单摆实例2：体操王子的大回环

　　单摆在体操项目中也有应用，大家听说过吊环王李宁吧，他的完美大回环赢得了世人的喝彩。不过，大回环的摆动幅度太大了，千万不要模仿啊。

　　19世纪，吊环运动起源于法国。吊环是受杂技演员悬空绳索表演的启发而创造的，而后成为男子体操项目。随着这项运动发展成正式的比赛项目，吊环的动作也在逐渐增加。由摆动到静止动作或由静止动作到摆动的过渡是当代体操的显著特点，做静止动作时，要求吊环静止，不能有大的摆动。一套吊环动作应由比例大致相等的摆动和静止动作组成。吊环运动在1896年第一届奥运会时就已成为正式的比赛项目了。

·单摆实例 3：荡秋千的奥秘

　　小朋友们爱玩的秋千就是一个单摆，秋千被推动或拉起来后，会受重力的作用而前后左右摇摆，但是不继续施加力的话，

就会逐渐停下来。你有没有想过它的原理呢？那是因为摆动轴受到了摩擦力，还有人体在运动中受到了空气阻力，这些外力消耗了运动能量。假如，你在摆动过程中的平衡点处身体下蹲，会加大运动惯量，然后再将身体站立起来，减少运动惯量，增加运动速度，使得秋千摆动更高。如此动作，你就可以使得摆动继续，不断克服摩擦力和空气阻力。

秋千摆动的过程中，当人升至最高点时迅速站起，会增大重力势能；当秋千摆到最低点时下蹲，会使其重心下降；而人体的高点站立与低点下蹲增加了秋千的重力势能差。荡秋千的过程中，动能与势能转化，所以低点处速度变快了，而高点的位置抬升了。相反地，如果你想让秋千停止运动，那就进行与上述过程相反的操作，即在高点处下蹲，在低点处站立。如此往返几个回合之后，秋千就会停下来。

那么，在太空飞船里面，你可以荡秋千吗？

由于没有重力，太空的单摆小球不在平衡位置附近摆动，而是不停地回环。看来，我们每个人在太空都能当体操王子了。如果没有细绳拉着小球，给它一个力，它就能飞向茫茫宇宙，只要没撞上其他的东西，也许它还能飞出太阳系呢！

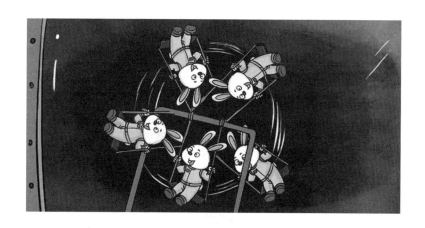

课堂回顾：太空失重下的单摆什么样？

总体来说，在地球上，给静止的单摆一个力，就能让它摇摆起来。不再施加力的情况下，单摆摆动的幅度便会一次比一次小，直至停止，这是摩擦力的消耗。那么单摆在太空中会做什么运动呢？

航天员王亚平老师在太空为我们揭示了谜底。失重状态下，小球不再依靠细绳的拉力，自己便可以飞舞起来，就像自由漂浮的航天员一样。王亚平老师对静止的小球轻轻一碰，细绳便拽着小球开始绕圈，匀速进行一个又一个大回环。再一碰，它只是改变了角度，仍然在做匀速圆周运动。

课堂总结

所以，太空里不能荡秋千，太空也没有大本钟。太空只有不停止的圆周运动，而没有单摆。

·拓展：傅科摆

1851 年，法国物理学家让·傅科在巴黎国葬院（注：法兰西共和国的先贤祠）安放了一个钟摆装置，摆的长度为 67 米，底部的摆锤是重 28 千克的铁球，在铁球的下方镶嵌了一枚细长的尖针。这个巨大的装置是用来做什么的呢？原来，傅科打算证明地球的自转。他设想，当钟摆摆动时，在没有外力的作用下，它将保持固定的摆动方向。如果地球在转动，那么钟摆下方的平面将旋转，而悬在空中的摆仍将保持原来的趋势。为了便于记录实验，傅科在摆的下方设置了一个沙盘，使运动的摆尖在沙盘上划出痕迹，显示摆动路线。

实验显示，摆动平面由东向西、缓慢地旋转，这直接证明了地球自西向东的自转，顿时人们欢呼起来，"傅科摆验证了地球转动"。进一步发现，在地球的南北两极，傅科摆的摆动平面 24 小时转一圈；在赤道上，傅科摆没有方向旋转的现象；而在极地与赤道之间，傅科摆方向的旋转速度介于两者之间。在地球的不同纬度上，其旋转导致的线速度不同，因此，傅科摆也可以用于甄别地球的纬度。

第三课　太空陀螺与导航

课堂导入：陀螺的定轴性和稳定性

　　陀螺是大家熟悉的娱乐项目之一，历史悠久。传统的陀螺是倒圆锥形，玩法是用鞭子抽，使其直立旋转。

　　大家常见的"空竹""飞速旋转的芭蕾舞"等，这些受力后自身能保持稳定的旋转状态，都是陀螺的案例。当支撑陀螺的平面发生倾斜时，陀螺的旋转方向会始终保持不变，这叫作定轴性，所以陀螺最重要的特性是"定轴性和稳定性"。从工程技术的观点来看，陀螺是指绕其对称轴高速旋转的物体。

　　众所周知，在实际问题中，突然的、微小的干扰（如撞击等）总是不可避免的。对于高速旋转的陀螺，当受到突然的外界干扰力矩作用时，陀螺将产生进动。由于干扰力矩一般很小，陀螺角动量却很大，所以由干扰力矩所引起的进动角速度也非常小。当干扰力矩消失后，陀螺又会恢复原运动。一般来说，干扰作用的时间总是短暂的，因而在进动角速度很小、进动时间又很短的情况下，陀螺自转轴在干扰力矩作用后偏离初始位置的偏离角，实际上是非常小的。由此可见，所谓陀螺的定轴性实质上是指陀螺具有巨大的抗干扰能力。陀螺的定轴性在许多技术领域中得到了广泛的应用。例如，枪筒、炮筒内均有来复线，以使枪弹、炮弹射出时获得极高的自转角速度以保持其定向性，从而提高射击命中率。特别是在近代导航技术中，利用陀螺的定轴性和进动性做成各种陀螺仪表及控制系统进行导航，使导航技术进入了一个新的时代。

课堂回顾：太空陀螺

那么，陀螺在太空失重状态下，它的行为将如何呢？本次太空的陀螺演示实验便可以检验陀螺的稳定性。航天员王亚平老师的第一次演示是给一个静止的陀螺施加一个力，因为陀螺此时没有旋转，便不具备稳定性，所以陀螺在空中翻滚着前进，陀螺的中心轴不断改变方向。第二次，王亚平老师先让这个陀螺旋转起来，然后再给它施加力的时候，陀螺会稳定地旋转前进，陀螺的旋转轴始终指向同样的方向，这就是所谓的陀螺的定轴性。

课堂总结

　　转动的物体具角动量的属性，使物体的运动状态不容易发生改变。因此，当陀螺静止时，宇航员用一个很小的力就能改变其运动状态，即翻滚；当陀螺转动时，便拥有角动量，宇航员再施加力的时候，其仍然稳定前进。

·陀螺与导航

　　陀螺的稳定性和定轴性在航天飞行器上有着广泛的应用，如神舟十号、天宫一号上也安装了旋转陀螺，来测定自身的飞行姿态。所以，陀螺也被称为导航元件，即无论航天器姿态如何，高速旋转的陀螺的轴向是不变的。

　　当将旋转和静止的陀螺放在一起对比的时候，旋转陀螺的稳定性表现得更加明显。大家可以思考一下，既然陀螺有这么好的稳定性（或者称为定轴性），在现实生活中你是否注意过哪些地方也有陀螺稳定性的应用呢？

·生活中的"陀螺"

　　导航就是依照陀螺来确定方向的。其实，广义的导航不仅要知道我们所处的方向，还包括我们所处的位置坐标和准确时间。那么生活中还有哪些与陀螺导航相关的案例？

高空摄像的防抖功能

防抖摄像机，在飞机上实施航拍时，由于飞机的运动导致摄像机晃动，那么如何使拍出来的照片更清晰？这依赖于其中的陀螺仪，它可以感应人对相机的操作变化，补偿人体运动与机器抖动造成的图像失真，从而完成相应的保真功能。假如将相机安装在无人机上，空气流动导致的紊乱会使相机产生晃动，这就影响到航拍图片的质量；由于陀螺仪具有定轴性，它能识别固定的方向，只要引入陀螺仪防抖元件，那么照片的清晰度将得到大大地提升。因此，陀螺仪离我们的生活其实非常近。

篮球旋转的奥秘

相信打过篮球的同学都知道，投篮命中率的高低与球的旋转关系巨大。如果你投篮时篮球不旋转，那球就容易被球筐弹出，不易进球。而如果你投篮时抖动手腕，使得篮球适当地旋转，那么篮球在空中的飞行姿态就更稳定，碰到球筐或篮板的时候，球弹进球筐的概率就更大。观察一下世界著名球星姚明，他不仅弹跳和身手矫健，更重要的是他投出的球在空中能够快速而稳定地旋转，命中率极高。

足球香蕉线路的奥秘

足球中的弧线球也是利用陀螺的原理吗？当足球运动员对足球进行侧踢时，足球在空中会一边飞行、一边自转，由于足球速度过快与空气作用而发生形变，变成一个不规则的椭圆体，这会带动足球表面的空气薄层同时旋转，其一侧的空气薄层转动的线速度和足球的前进速度叠加，使得迎面气流受到较大的阻力而变慢；另一侧情况则恰恰相反。根据伯努利原理，空气流速越小，则其压力越大，这也是飞机起飞的原理。以左旋前行的足球为例，其线路向左受到侧向力，形成弧线。足球行进路线发生偏转，抛物线则变成了香蕉线路，这让守门员判断起来非常困难，这就是"香蕉球"常常出其不意取胜的奥秘。

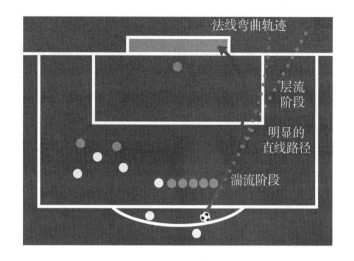

图中演示 1997 年巴西对法国的一场足球赛，巴西前锋卡洛斯打出香蕉定位球，足球逆时针旋转前行，运动路线向左弯曲，绕过法国防守队员后打入球门。

·军事中的陀螺——子弹

对拿破仑时期的战争场景，大家可能会有这样的疑问：为什么这些人要站成一排，而且后面还要站两排士兵呢？原来拿破仑时期的火枪大多数叫作滑膛枪，所谓滑膛枪是指从枪口装填弹药，枪膛内无膛线的前装式枪，所以会存在两个问题：一是装弹的速度慢，一个熟练的士兵一分钟只能发射 2 次，因此要三排士兵轮番发射；二是枪膛没有膛线，子弹射出枪膛后是无旋前进的，因此缺乏稳定性，而且在前进过程中会受到较大的摩擦力，使子弹的飞行距离很短，一般不超过 100 米，而且精度特别差。英国在一次战役中，每 450 发子弹竟然才杀死一个敌人，所以他们只能依靠队列射击来弥补精度差的问题。而队列里的士兵和鼓乐手也能非常淡定地站在战场上，战地记者和摄影师也可以从容地在现场记录历史画面，因为被子弹致命伤害的概率真的很低。

　　随着枪支膛线的出现，拿破仑时期的这种列队式射击战术也逐渐退出了历史舞台。膛线可说是枪管的灵魂，它使弹头在出膛之后高速旋转，从陀螺的稳定性我们可以得知，旋转的物

体会保持其运动的稳定状态，因此，膛线枪的射程和精准度都大大提高了。

• 陀螺在导航中的应用——牵星板

导航从古至今对于人类都是非常重要的，因此，我们的祖先发明了指南针来确定方向，其原理是根据地磁场的磁轴接近南北极，磁针指向地磁场方向。但是在航海的时候，单有方向还不够，因为大海茫茫，周围缺少参照物，我们不能确定自己离家多远了，或者说不知该如何获知自己所处的纬度信息。所以，在郑和的航海时代，采用了牵星板作为测量距离的工具。其原理是：地球是圆的，在不同纬度看北极星时，视线方向与地平线方向的夹角不同。在北极看北极星，视线指向天顶；在赤道看北极星，视线几乎在地平线。所以，通过不同的纬度看北极星的视线高度不同，从而推测出自己的船队的航行距离。当然，到了南半球，船队看不到北极星时，会以南十字星作为导航基准。

• 宇宙中最大的天体陀螺

依靠牵星板和指南针的导航显然已经不能满足现代社会

的需求了，因此其他形式的陀螺不断被探索和发现，其中，人类发现的最大的陀螺当属脉冲星。脉冲星是密度非常大的星体，相当于将整个太阳压缩到北京的城市范围内，一个乒乓球大小的脉冲星物质的质量可以类比一座喜马拉雅山。脉冲星的名称来源于中子星，它稳定并高速旋转，最快的脉冲星转一圈只需要约 1 毫秒，所以它的稳定性非常好，周期变化非常小，几亿年才慢 1 秒，就算是地球上计时精度最高的原子钟也无法比拟。另外，脉冲星在太空中的运动速度一般是百千米每秒，这在宇宙中不算快，因此地球相对于毫秒脉冲星的视线方向在短时间内不会变化太大。综合上述因素，脉冲星被誉为宇宙中的灯塔，今后也必将成为宇宙探索中重要的导航工具。

·旋转的陀螺不倒的原因

旋转的陀螺不倒是因为复合离心力矩抗衡重力矩，重力矩就是进动旋转半径与陀螺重力的积，即公转半径与陀螺重力的积。复合离心力矩是指上侧绝对速度大于下侧绝对速度，也就是上下两侧动量差产生动量矩，即上侧离心力大于下侧离心力，上下两侧离心力差就是复合离心力，复合离心力矩反抗重力矩，也就是斥力矩抗衡引力矩。

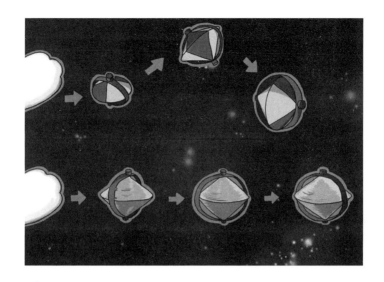

　　不论陀螺是左旋还是右旋，它的进动与自转方向都是相同的。不论是天体陀螺还是地球上的陀螺，进动公转与陀螺自转方向都是相同的，上侧的公转、自转速度和下侧的公转、自转速度差，也就是上侧绝对速度都大于下侧绝对速度。陀螺自转轴与引力线的夹角导致重力矩，动量矩本身就是公转进动。不进动的陀螺表明它的重力矩为零，即陀螺的质心在引力线上。公转进动是陀螺不倒的原因。

第四课 太空水膜与水球

课堂导入：太空水球什么样？

在地面上由于受到重力的影响，水球多数是梨形，那么在太空中水球是什么样的呢？会是标准的梨形吗？

如果先有的水球，我们可以向水球注入空气，空气泡在水球中向上悬浮。在失重的环境下，水球由于自身的表面张力呈

球状，气泡停留位置没有明确的方向性。如果在地球上将一个密封的装有空气和水的容器带到失重的环境中，则水应该呈球状，而空气应该分布在周围。

水在失重状态下呈球状，这是因为没有外力，水分子完全平均分配充斥在水球内部，各个水分子的受力一样，加上水的表面张力，仍是聚成一团，不会呈分子状态散开。当有外力的时候，比如对它吹气，它的外形就马上改变了。

绝对球形可以在太空制备并实现，太空生产的轴承滚珠比地面生产的抗磨性能好很多。水球还受到地球潮汐力的影响。理论上它是受潮汐力影响的，这造成它呈椭球形。但是，这个潮汐力对于小小的水球，效果上可以完全忽略不计，而误差只是天文数字的倒数，也就是说，偏心率极小。

对于大一点儿的球，比如同样沿地球轨道旋转、在真空环境中"失重"的月球，地球的潮汐力对月球的效果就比较明显了。月球的一面总是朝向地球，另一面总是背对地球，这就是潮汐力作用下的结果。地球也受到太阳和月亮潮汐力的作用。海水的涨潮和退潮就是潮汐力作用最明显的表现。

太空是个充满魅力的神奇世界，太空生活更是个充满魅力、令人好奇的神奇话题。

课堂回顾1：太空水薄膜

航天员王亚平老师所演示的水膜实验为我们揭示了谜底。王亚平老师将一个金属圈慢慢地放进水袋里，再轻轻地拿出来，就做成了一个漂亮的水膜。

它的神奇之处在于，太空中的失重环境使水的表面张力大显神威，而在地面上重力会使水膜破裂。那这个水膜结实吗？王亚平老师轻轻地左右晃动金属圈，水膜并没有破裂，当把金属圈固定在桌面上后，王亚平老师把一个中国结贴在水膜表面，中国结就吸附在水膜上了。看来这个水膜还是很结实的呢。

课堂回顾 2："超级圆球"

　　重新做了一个水膜后，王亚平老师拿来一个水袋，开始一点点往水膜上加水，水膜随着水的增加而一点点变厚，不一会儿，水膜就变成了一个亮晶晶的大水球。水球的中间有很多小气泡，这是因为在我们刚才注水用的饮水袋中本身就存在气泡，把这些小气泡抽出来后水球就像一个透镜，透过水球我们可以清楚地看到王亚平老师的"倒影"。而且这是一个"超级圆球"，由于不受重力的影响，水球不会像在地面上一样是梨形的，而是一个非常标准的球形哦。

课堂回顾3:"红灯笼"

接着，王亚平老师用注射器分别从左右两边往水球中间注射一个气泡，由于表面张力，这两个气泡既没有被挤出水球，也没有融合到一起，而是单独地存在着，看来不一样的环境会有不一样的现象。随后，王亚平老师将红色的液体慢慢注入水球中，红色的液体慢慢扩散开来，晶莹透亮的水球变成了"红灯笼"。这个实验再一次说明了在太空中不能制作鸡尾酒。因为没有重力，红色的液体不会下沉，而是均匀地分布在水球中，所以制备鸡尾酒也不会出现分层现象。

课堂总结

在太空中由于失去了重力的作用，水只能漂浮在空中不会流动，不同的液体之间也不会融合。

· 太空没有鸡尾酒

　　我们可以利用家里厨房的物品自己制备鸡尾酒，原料包括清水、橙汁和红糖水等。先将少量的红糖水倒入试管中，再用胶头滴管缓慢地将橙汁滴入，滴入的过程中可以看见有明显的分层现象发生，发现黄色的橙汁浮在了红糖水上面，最后用胶头滴管缓慢地滴入清水，可以明显地看见清水在最上面。这样就得到了由上至下分别是无色、黄色、红色的鸡尾酒。

　　这是因为红糖水的密度比橙汁的密度大，橙汁的密度比清水的密度大，在重力的作用下就可以出现如"彩虹"一般的鸡尾酒。但是在太空中是处于失重状态的，液体没有办法混合，也就不能出现分层现象。

· 水的奥妙：表面张力

液体表面就像橡皮薄膜，使压凹形成弹力、拉凸形成收缩的，叫液体表面张力，该力与液体的黏滞、拉伸面积成正比。在日常生活中，我们可以观察到很多表面张力现象。

水是一种很平常的物质，随处可见，但如果深入研究，就会发现它有许多奇妙的地方。水的表面存在着一种收缩的力——表面张力。什么是表面张力呢？水珠为什么是圆形的呢？为什么比水更重的物体也可以浮在水面上？是什么力量把地下的水分输送到远离底面数十米高的树冠的呢？

我们都知道杯子满了以后，水会沿着杯壁往下流，这是很自然的事，但细心的你同样也能发现，在杯中水刚刚高过玻璃杯沿的时候，水仍未落下，但表面却像胀起的气球一样，随着水的一点点增加，慢慢地变得丰盈起来，当水在高过杯沿一定程度的时候，才像承受不住似的，"哗啦"一下流下杯壁。这时候你再仔细回想水将落未落时的状态：水面就像紧紧敷着一层水膜，拉着水不让它流下去。是的，这就是液体的表面张力。

这种表面张力究竟是怎么一回事呢？我们知道，水是由无数的水分子组成的，它们有两种基本的运动状态，那就是相吸和相斥，它们每时每刻都处在运动中。当周围温度高时，它们的运动就快；当温度低一些时，运动就相对慢；挨得太近了，它们就把对方挤开；离得远了，它们又反过来紧紧牵着手。水面表层的分子因为太活泼，许多都跃出了水面，所以水面表层的水分子要比水里其他部位的数量少，这么一来，平衡就被打破了。水表层的分子由于少且相隔很远，所以它们争先恐后地拉着对方，形成了一种往里挤的力，当里面的水越来越多时，它们就会拉得越来越吃力，在突破临界点的刹那，水面就再也支撑不了了，水便哗啦一下地流了出来。

表面张力可以解释生活中的许多现象：雨后荷叶上滚动不去的水珠；水龙头下将滴未滴的水珠；夏天水黾在水面一跳一跳地滑行；能吹出一大串七彩泡泡的泡泡水；两块干燥的玻璃叠在一起很容易分开，但是如果在玻璃之间加一些水，这时候你再试图去将它们分开，就不那么容易了。怎么样，是不是发现表面张力存在于生活的方方面面呢？

表面张力产生的一个重要原因是毛细现象。毛细现象是液体表面对固体表面的吸引力。毛细管插入浸润液体中，管内液面上升，高于管外；毛细管插入不浸润液体中，管内液体下降，低于管外。那么什么是不浸润液体呢？举个例子，把一块干净的玻璃板浸入水银里再取出来，玻璃上不会附着水银，这时候，水银对玻璃来说，就是不浸润液体。再举一个简单的自然界的例子，植物茎内有大量的纤维导管，通过这些导管，植物从土壤中汲取需要的水分。我们平时用纸巾擦干桌上的水迹，利用的就是毛细现象。纸巾内部有许多小细孔，作用形同细管。根据这一点，我们发明了各种钢笔等笔类文具。因为有毛细作用，笔水通过笔尖的细缝将笔水输送到笔尖。

• 水黾在水面上行走

细心的小朋友可能会见过水黾停留在水面上，那么它为什么能在水面上能快速、自由行进、跳跃，稳稳地站在水面而不会掉进水里呢？现在我们一起来看看这张照片，仔细观察一下我们可以发现，水黾把它所有的腿都伸展开，增加了受力面积，从而分散了它压在水面上的体重，另外科学家们注意到，它能浮起来的一个根本原因就是腿能不被水润湿、浸湿。进一步研究表明，水黾腿的表面是由很多按同一方向排列的微米尺度的刚毛组成的，刚毛表面有纳米尺度的螺旋状沟槽，其疏水性是由这两级微纳结构共同作用的结果。因此，水黾才可以利用水的表面张力，随心所欲地在水面奔跑了。

　　而蚊子不但能像水黾一样"浮"在水面上，而且可以自由起落！我们通过观测发现它这一功能表现得甚至比水黾更为突出，究竟蚊子腿和水黾腿有什么类同？我们试图通过科学观测和实验来寻找答案。

　　能在水面上滑动行走的动物无疑是动物王国的水面行走高手，它们停在水上等候其他昆虫落网然后美食一顿。它们的腿上都覆满了细细的毛，可阻挡水的渗透。蚊子没有这些细毛，但是它们的腿上长有许多小槽，里面装满了一小袋一小袋的空气。表面张力使得水难以渗进这些小槽中，从而使蚊子可以保持身体干燥。这些小槽越小，水就越难渗透。科学家研究发现一只蚊子腿可以支撑起的重量是蚊子体重的23倍。在蚊子立在水面上的时候，它们的脚在水上画出一道涟漪，表面张力则使它们漂浮起来。而大型动物，如人类就无法在水面上站住。因为如果物体或动物体积很大就无法形成水面张力以支撑其重量。水与空气的接触面越小，就越像一张蹦床，向下弯曲的弧线可以承受住昆虫的体重。如果计算你需要在水面上支撑你体重的双脚的大小，结果将可能是 1000 米。所以说如果你想从水池边缘踏入水中肯定会溅起一片水花。我们的体积太大了，水面张力根本没法支撑我们的体重。

总的来说，像这样的浮水昆虫的腿一般都具有疏水性，如果不具疏水性，哪怕是一滴水的重量都会大于自身重量，挂到腿上，会严重阻碍其运动和飞行。这一点苍蝇最为明显，因为其腿部表面不具有疏水性，所以一旦落到水表面就很难再飞起来，在水面越是挣扎情况越糟糕。可对蚊子来说，水根本不能浸湿它的腿，所以我们估计蚊子腿表面比水黾腿的疏水性更强。

• 亚马孙壁虎在水面上奔跑

在巴西的亚马孙热带雨林，生活着一种世界上最小的动物之一——侏儒壁虎，它的身长只有 2 厘米左右，由于侏儒壁虎的 4 个较大的爪子上有吸盘，可以最大限度伸展开接触水面，使其体重不会打破在水上的表面张力，所以侏儒壁虎可以在水面奔跑去捕捉蚊子，这就好像传说中的踩水行走。小朋友们以后有机会可以去巴西亲自看看可爱的侏儒壁虎哦。

· 在水面疾跑的蛇怪蜥蜴

　　说到蜥蜴，总给人一种生活在沙漠、火山口的感觉，其实，很多蜥蜴都是生活在水边的，如果空气太干燥，蜥蜴就会受不了。近日，科学家拍到了一种奇怪的蜥蜴，它可以在水面上奔跑，下面我们就来认识一下吧。

　　最近，摄像师以2000帧/秒的高速拍摄下的影像显示，一只褐色的蛇怪蜥蜴在湖面上快速奔跑。

　　蛇怪蜥蜴常常被称为"耶稣蜥蜴"，这种称呼还是有一定道理的，因为它能"水上漂"。很多昆虫具有类似的本领，但它们一般身轻如燕，不会打破水面张力的平衡。蛇怪蜥蜴通常生活在热带雨林的河流边，主要以小昆虫为食。于是蛇怪蜥蜴练就了一种特殊的逃生本领。当遭遇危险时，蛇怪蜥蜴会跳进水中，从水面上逃走。

　　我们知道，从小生活在水边的孩子熟悉水性，从进化的角度讲，围绕着水的生活，很多动物可以与水为伍，从这个角度想，有些生物可以在水上生活也就没有什么特别奇怪的啦。

·浮在水面上的硬币

在水池中轻轻地放入一枚硬币，硬币有可能浮在水面上，这其实也是表面张力起到了作用。仔细观察，我们可以发现水面微微向下凹，像一层紧绷的弹性橡皮膜，正是这层橡皮膜对硬币的漂浮起到了支撑的作用。若想实验成功，我们要注意以下几个技巧，硬币要尽量与水面相平，手要稳，用力要轻，掌握了这些，我们都可以试着让硬币浮在水面上哦。

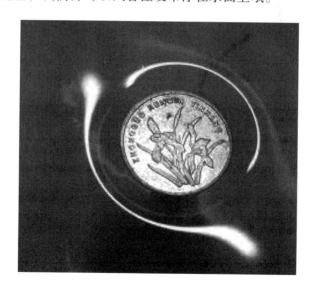

·打水漂

打水漂是我们小时候经常玩的游戏，这是典型的表面张力现象。将小小的石子沿着水平方向投出去，石子在水面上跳动前行，可以飞跑好长一段距离。小朋友们想知道这个游戏的技巧吗？首先，材料很重要，最好是类似瓦片的扁形石子，这可以增大石子与水面的受力面积，从而获得更大的反弹力，而尖尖的石头会刺破水面，石头就容易掉到水里面了。其次，扔出去的速度要快，最好旋转着扔出，当石子掠过水面时，可以迅速带动水面的流动速度，减小水面压强，从而与下层的水产生压强差，将石子压出水面，然后出现第二次，或以此类推出现更多次的"打水漂"现象。如果扔的时候速度不快或没有旋转，那么石子可能就会直接掉进水中了。掌握了以上技巧，小朋友们可以互相比试，看谁打得水漂又远又多！

科学家使用高速视频照相机等设备，不断试验，最后得出结论：石头首次接触水与水面成20°角时，水漂效果最为完美。

关于投石打水漂游戏，历史上早有记录。据说，在水面弹跳的石头的行为曾经激发了著名科学家巴恩斯－沃利斯的灵感，他由此在第二次世界大战中设计了著名的跳弹。

·秘密武器：跳弹

这种打水漂游戏在军事上也有过应用。在第二次世界大战期间，日本偷袭珍珠港让美国海军损失惨重，美国为了反击日本，使用飞机从空中垂直轰炸日本的舰艇，但是这会遭到雷达系统和防空火力的拦截，让美军损失很多飞机，那该怎么办呢？美国物理学家想了一个办法，利用打水漂的原理来投弹。飞机采用水平攻击，在距离海面10米的超低空接近日本舰队，以此躲开日本雷达监控和其密集的防空炮火，把炸弹投到水面上，炸弹不断跳跃后就可以蹦到甲板爆炸了。这个奇思妙想所形成的秘密武器击沉了很多日本海军的舰艇，成功扭转了战争格局，最终打败了日本。

　　同样是在第二次世界大战中，英国打算轰炸纳粹德国的水坝，因为德国工业区的水电都来自这个水库。如果能炸毁大坝，将给纳粹德国造成极大的损失。可纳粹德军在水库附近不仅布置了密集的防空炮火，还有防雷网。那么怎样才能炸毁大坝呢？英国的一位航空工程师设计了能"打水漂"的炸弹，命名为"大坝炸毁者"。英军飞机采用水平飞行，超低空接近水库，投下"跳弹"，这些"打水漂"的炸弹跳过防雷网，直奔水库大坝爆炸，摧毁了整个水库，造成了洪水泛滥，从而让纳粹德国的军事工业设施瘫痪。

·毛细管

其实使用家里的器具也可以证明表面张力的存在。

我们可以在一个试管中注满水，当水面与试管口平齐时就认为已经注满水了，此时用试管再逐滴加水，可以发现水面在试管口形成了一个弧面，水面虽然比试管口高但并没有洒出来，这是因为水的表面张力的存在使得水的表面积尽可能小，所以形成了圆球的形状。

那么液体为什么能在毛细管内上升呢？我们知道液体表面类似于张紧的橡皮膜，如果液面是弯曲的，它就有变平的趋势，因此凹液面对它下面的液体施加拉力，使液体沿着管壁上升，当向上的拉力跟管内液柱所受的重力相等时，管内的液体会停止上升，达到平衡。

表面张力是分子力的一种表现。它发生在液体和气体接触时的边界部分，它是由表面层的液体分子处于特殊情况决定的。液体内部的分子和分子间几乎是紧挨着的，分子间经常保持平衡距离，稍远一些就相吸，稍近一些就相斥，这就决定了液体分子不像气体分子那样可以无限扩散，而只能在平衡位置附近振动和旋转。在液体表面附近的分子由于只显著受到液体内侧分子的作用，受力不均，使速度较大的分子很容易冲出液面，形成蒸气，结果在液体表面层（跟气体接触的液体薄层）的分子分布比内部的分子分布来得稀疏。相对于液体内部分子的分布来说，它们处在特殊的情况下。表面层分子间的斥力随它们彼此间的距离增大而减小，在这个特殊层中分子间的引力作用占优势。因此，表面张力肯定是液体与空气之间的。越湿润，分子间受吸引的力越明显，张力越大。

液体表层内分子力的宏观表现，使液面具有收缩的趋势。想象在液面上画一条线，表面张力就表现为直线两侧的液体以一定的拉力相互作用。这种张力垂直于该直线且与线的长度成正比，比例系数称为表面张力系数。

当液体和固体接触时，若固体和液体分子间的吸引力大于液体分子间的吸引力，液体就会沿固体表面扩展，这种现象叫浸润。若固体和液体分子间的吸引力小于液体分子间的吸引力，液体就不会在固体表面扩展，叫不浸润。浸润与不浸润取决于液体、固体的性质，如纯水能完全浸润干净的玻璃，但不能浸润石蜡；水银不能浸润玻璃，却能浸润干净的铜、铁等。浸润性质与液体中杂质的含量、温度以及固体表面的清洁程度密切相关，实验中要予以特别注意。

·太空植物生长

　　植物茎内的导管就是植物体内极细的毛细管，它可以利用毛细现象将土壤里的水分吸上来，高大的植物顶部就能够获取养分和水分。生活中常见的植物如葫芦、爬山虎等就是利用这样的原理"攀岩"到一定的高度的。但是这个高度并不是无止境的，当吸收上去的水或营养的拉力与它们自身重力相等时，植物就停止了向上的生长，达到平衡状态。

　　相比之下，太空中的毛细现象会有不一样的效果。由于在太空中没有了重力，也就没有力可以与拉力相抗衡，植物就会无止境地向上生长，好像在平面上一样。在太空课堂中，航天员用纸将水球拍破其实也是毛细现象，纸张中的纤维素互相交错呈网状，其间有很多空隙，这些空隙就可以含住水分。这同我们在地面上用毛巾擦水是一个道理。

它们所需要的养分和水分就是由根、叶子和茎中的小管从土壤中吸上来，输送到绿叶里的。这就像不停止的抽水机，不知疲倦地把水分、养分送到植物的每一个细胞。

另外，土壤中有很多毛细管，地下的水分沿着这些毛细管上升到地面蒸发掉。如果要保存地下的水分来供植物吸收，就应当锄松表面的土壤，切断这些毛细管，减少水分的蒸发。所以农民常在雨后给庄稼松土，来保持水分。

将水分散成雾滴，即扩大其表面，使许多内部水分子移到表面，就必须克服这种力对体系做功——表面功。显然，这样的分散体系便储存着较多的表面能。植物有蒸腾作用，可以将水传输到各部位。

中 篇

课堂互动知多少

第五课　太空遥望视野

• 太空看星星，为什么不是眨眼睛？

　　抬头仰望星空，真是一件浪漫又神秘的事，我想大家都非常喜欢。我国古时就有许多赞美星、月的诗歌，说明了人们对天空和宇宙的向往。可惜，现在有些城市中的光污染和大气污染都很严重，所以人们有时候可能很难看到挂满星星的夜空了，更别提银河了。没有亲眼见过这样的美景，恐怕诗人李白也无法写出"疑是银河落九天"的诗句。如果有机会的话，和爸爸妈妈一起看星星，一定是件十分享受的事情。

　　"一闪一闪亮晶晶，满天都是小星星，挂在天上放光明，好像许多小眼睛。"天空中的星星真的在眨眼吗？大多数人应该知道，我们肉眼能看到的星星，绝大多数是恒星，也就是像太阳这样自己会发光发热的星体；还有一部分是反射太阳光的星体，常见的有月亮、金星。有的同学可能会问："金星，我怎么没看到过？"其实，每天出现在黎明时分的启明星和傍晚时分的长庚星就是金星啦；剩下能被我们看到的是少数的星云、

星团、星系等。这样看来，星体怎么会"眨眼睛"呢？它们真的是在闪烁吗？事实上，我们能看到的星星本身并不闪烁，但由于我们在地球上，星星传达到地球的光线受大气扰动的影响，看起来就像是在"眨眼"了。

有的小朋友可能会想到了：在太空中没有大气层的干扰，星星就不会"眨眼"了吧？没错，这就是太空中观星的特点之一。那么天宫一号的航天员们在太空看星星，和地球上看星星有什么不同呢？由于太空中没有空气，除了发光星体和反射光的星体，背景可以说是一片漆黑，因此看到的星星也更多、更明亮。

· 太空看日出日落，每天 16 次

从太空看地球，除了地表的天气变化、山川河流一览无遗之外，还有不少有趣的收获。比如，航天员们每天能欣赏 16 次日出日落呢！小朋友们是不是觉得不可思议？其实这是因为太空飞船绕地球的飞行速度约为 9 千米 / 秒，太空飞船的轨道距离地面的高度大约为 300 千米，其轨道周长约为 4.5 万千米，平均飞行一圈需要 90 分钟。据此可估算出，一天 24 小时内，飞船共绕地球飞行 16 次，因此能看到 16 次日出日落。能看到这么多次日出日落，虽然奇特，但也会让人觉得很困扰吧！

　　在宇宙间看日出，还不会受到气候的影响呢！这是因为太空是没有云雨天气的，所以在太空中看日出是十分壮观的。航天飞机的飞行速度很快，太阳出来时就好像"迅雷"似的一跃而出，太阳落山时也好像"迅雷"一样迅速地隐去。日出前先出现鱼肚色，接着是几条月牙形彩带，中间宽、两头窄，当两头陷没在地平线上时，耀眼的太阳从彩带最宽处一跃而出，一切色彩顷刻消失。虽然每次日出日落仅仅维持很短暂的几秒，但至少可以见到 8 条不同的彩带出没，它们从鲜红色变为最亮最深的蓝色。彩带的颜色每次都在变，彩带的宽度也不尽相同。彩带实际上是地球上空的气体被污染的证明，所以我们见到的最壮观的日出日落景色也就出现在大气污染最严重的地区。

　　在太空飞船上，拉开窗帘看宇宙，天色好美好美，阳光灿烂，可是不大一会儿太阳就没有了，黑夜又来临了。一会儿日出，一会儿日落，真是变化莫测、趣味盎然。看日出时，看不到太阳蹦出来的一刻；看日落时，可看到太阳发出的白光，看到它准确的位置。

• 太空看地球，蓝色星球

　　天上有那么多拥有美丽光芒与绝妙名字的星星，更有多姿多彩、令人赞叹的星云，以及承载着古老传说的缥缈银河……这其中一定有你最喜欢的一个。每个人心中的答案也许都不相同，这就是宇宙的奇妙之处。从天宫一号上放眼宇宙，问航天员们最爱的是哪个？他们一定会回答，最美的是蔚蓝的地球。也许你不相信，在宇宙中望去，如水滴般灵动、如白云般纯净、如绿树般生机盎然的地球，确实是一颗最特别而美丽的星星。

　　地球上的陆地和海洋面积分别约占 30% 和 70%。各大洋连成一体，陆地好像漂浮在海洋上一样。由于海洋水色偏蓝，因此从太空看地球，就看到了美丽的蓝色星球。从太空看地球，地球漂亮极了、美丽极了。白天，地球大部分是浅蓝色的，而中国的青藏高原地带为一片绿色，阿拉伯沙漠呈现出褐色，撒哈拉沙漠又是另一种褐色。从太空看世界屋脊，喜马拉雅山清晰可见，甚至分得出哪里是森林和湖泊，哪里是平原和溪流。

从太空上观望地球，映入眼帘的是一个晶莹透亮的球体，上面蓝色和白色的纹痕相互交错，周围裹着一层薄薄的水蓝色大气层。

杨利伟从太空拍摄的地球照片和其亲眼所见的地球，是一个蓝色的星体。那么地球为什么是蓝色的呢？

从地球上的海洋与陆地所占面积来看，地球表面积为5.1亿平方千米，而海洋面积就占了约71%，相当于陆地面积的约2.5倍。北半球虽然有占全球约2/3的陆地，但其陆地面积也只占北半球自身总面积的约39.3%，其余约60.7%的地方都是海洋。南半球、东半球和西半球的海洋面积也都比陆地面积大。如果换一个角度，以0°经线与北纬47°纬线的交点和180°经线与南纬47°纬线的交点为两极，把地球分为以水为主的水半球和以陆地为主的陆半球，陆半球虽然集中了全球81%的陆地，但陆地仍比海洋小。这表明，在地球的任何部位海洋都是主体。地球上海洋的平均深度将近4000米，蓄积水量达133亿立方米，占地球水圈总水量的96.5%。和陆地不同，海洋是一个连续的整体。各大洋相互沟通，形成统一的世界大洋，使陆地看上去就像是漂浮在海洋上一样。

因为海洋广阔而连续，水色偏蓝，因此在太空看地球，它就成了一个美丽的蓝色星体。

• 在太空为什么眼睛不能直接看到长城?

　　那么,在较低的太空,例如,在航天飞机飞行的轨道上(离地球约为 350 千米),能否看到长城呢? 很难看到,但有许多人造物却比长城更容易被看到。

航天员在这个高度上能看到许多人造物，包括高速公路、飞机场、大坝、城市、麦田、桥梁等。从太空能够看到很多东西，如能够看到金字塔，特别是用望远镜更容易看到。但用肉眼看起来有点儿困难。借助望远镜能看到长城，但是它比许多其他物体更不容易被看到，而且你必须知道朝哪里看。在300千米外的太空看长城，好比在30米外看头发丝，人的眼睛分辨率有限，是看不清楚的。当然，使用望远镜还是可以看到的。

要想从太空看到长城，必须要有良好的天气条件和不超过350千米的轨道高度。国际空间站就在离地面大约350千米的高度，但却是以8千米/秒的速度运行，这就使拍摄变得复杂了。

实际上，在太空中用肉眼是不可能看到地球上的长城的。我国太空第一人杨利伟在顺利返回地面后，有记者好奇地问："你在太空上看到万里长城了吗？"杨利伟不假思索地回答："没有。"这个问题也是很多人想问的。不知从何时起，"中国的万里长城是太空中能够看到的地球上唯一的人工建筑"的说法就广为流传。据说是得到了众多航天员的亲口核实，并有照片为证。那么在太空中真能看到长城吗？从理论上来讲，这是绝对不可能的。因为长城是狭窄且不规则的，而在太空中对不规则事物很难观察；不仅如此，长城平均宽度不到10米，也很容易被周围的地形背景隐没。因此，在20千米的高度就很难将它分辨出来，长城完全从人的视野里消失的高度也只有60千米。天宫空间站等航天器在约400千米的轨道高度飞行，在其上显然很难用肉眼分辨长城的面目。如果在月球上看长城，就好比在2000米外看一根头发丝，即使晴空万里，显然也是不可能的。

"太空上看到长城"是一种误传，流行久远，不少亲临太空的航天员就此事多次纠正，而专家从科学的角度也给出了明确的答案，不可能。至今，仍有媒体津津乐道地宣扬"太空中能看到长城"，这是缺少科学常识的表现，此类宣传应该休矣。青少年问王亚平和杨利伟："在太空中能看到长城吗？"他们一致地做出了否定的回答，也许这让人们很失望，但却以事实纠正了大众的错误观念。

第六课　太空生活趣谈（一）

嫦娥的故事和 UFO 的传说伴随着小朋友们的成长，但是他们生活的外太空是在哪里？他们居住的环境和地球有什么不同呢？过去那是虚无缥缈的存在，随着天宫一号和神舟飞船的成功对接，我们揭开了其神秘的外纱。

国际上定义距离地球表面 100 千米以上的空间区域为外太空，简称太空。本次天宫课堂距离地球表面 300 多千米，太空环境和地球截然不同，完全处于失重状态，那么太空的衣食住行和地面有什么不同呢？航天员们将引领我们一起探索外太空的生活。

·太空中"玩火"：圆形火焰

美国宇航局竟在太空中"玩火"？当然，这是为了研究太空环境下的火焰状况。

我们都知道，在地球上，火焰通常是以"火苗"的形态存在的。发生燃烧现象需要两个条件：可燃物，即被燃烧的物体；助燃物，它是使可燃物能够燃烧的必要条件，最常见的助燃物就是氧气。火焰分为三层，由内向外温度依次升高，颜色也不同。所以最外层火焰是最危险的，小朋友们一定要小心，不要被烫伤。

那火焰的形状是怎么形成的呢？由于空气流动的原因，火焰呈泪滴状。我们都知道，热空气是向上升的。火焰周围的空气被加热后向上流动，因此火焰想要继续燃烧的话，就会紧随空气的脚步，向上燃烧，因此会形成泪滴状。当然，如果向着火焰吹气，或者有其他干扰空气的状况，火焰的形状也会受到影响。

在太空的真空环境下，没有助燃物，火焰还能燃烧吗？答案是不能。那么有的同学可能会问了：为什么太阳这颗大火球能燃烧啊？那是因为太阳的"燃烧"和我们平时说的燃烧不同，它实际上是发生了一种叫作"核聚变"的反应，从而放出了许多光和热量，和我们熟悉的燃烧需要的条件不同。

在空间站中，燃烧实验虽然能够进行，但火焰不再是泪滴状，而是一个圆圆的火球。前文提到了地球上火焰形状的形成原因，那么"火球"的奥秘也能马上知晓了。没错，太空的微重力环境下，热空气不会向上升，因此火焰呈圆球状。更神奇的是，太空中的火焰还可以在比地球环境氧气含量低得多、温度也低得多的情况下燃烧。关于太空火焰的许多谜题还需要科学家继续研究。

• 太空中会流眼泪吗？

　　小朋友们在摔倒时会不会痛得哇哇大哭呢？由于重力的影响，眼泪会"哗哗"地往下流。可是太空中是处于失重状态的，眼泪没有受到向下的力，所以就不会流下来。航天员经常说的一句话是"在那一刻，我热泪盈眶"，这会儿大家就知道了，其实并不是说航天员们对自己的情绪控制力很强，而是在没有重力的情况下，想流眼泪确实不容易。所以当他们觉得"热泪盈眶"的时候，就会用毛巾把眼泪吸干，因为液体到太空舱里不仅会对航天员的安全带来危险，更有可能造成事故。

　　但问题是，在零重力下，泪水究竟能否形成？

　　眼泪形成自泪腺——位于眼眶外上方泪腺窝里的杏仁状腺体。泪腺在我们眼前产生一层薄薄的水状层，使眼睛保持湿润，它们也是眼泪的来源。无论是在一片巨大的海洋中，还是在一杯咖啡中，由于地球的重力，液体的形状都取决于容器。液体中的表面张力使得表面上的分子彼此拉近。但在太空中，没有重力向下拉液体，液体就会聚集在一起，形成最小可能的形状——球体。

• 航天员会长高吗？

　　小朋友们想迅速长高吗？那就飞上太空看看吧。我们在地面的时候，由于体重的原因，脊柱会有一定的压缩，但是到了太空的失重条件中，脊柱就不再受重力的影响，之前的压缩会被拉长，这就导致人体的身高会增加2～3厘米。不过返回地面后，航天员的身高还是会恢复到原有水平。那么如果航天员在太空中待5年或是10年，他们的身高会变化吗？答案是不会的。只不过在太空待的时间过长，会造成骨密度丢失、肌肉萎缩，对航天员的身体健康会造成损伤。所以小朋友们想长高的话，还是要靠平时多锻炼身体，注重营养平衡。

　　同样地，由于太空中的失重环境，航天员们看上去会变胖。小朋友们能不能根据之前的分析，自己思考这个问题呢？其实在失重条件下，人体内的血液和体液会重新分布。在地面上，由于受到重力的影响，血液会集中在身体下部，而在太空中，血液和体液会从腿部到头部重新分配，所以航天员的脸部看起来很丰满。难道航天员真的变胖了吗？其实不是的，因为失重的原因，航天员的肌肉质量下降，体液也会流失，大部分航天员在飞行后体重反而会减轻3%～4%。大家分析对了吗？

· 太空行走

出舱活动通常说的是太空行走，专指航天员在舱外浩瀚宇宙中的行走，是航天员在载人航天器之外，或在月球、行星等其他天体上完成各种任务的过程。太空行走是载人航天的一项关键技术，是在轨道上安装大型设备、进行科学实验、施放卫星、检查和维修航天器的重要手段。太空行走比人们在地面上的行走困难得多，要实现太空行走这一目标，需要诸多的特殊技术保障。

载人航天器，特别是空间站的在轨维修和舱外设施装配，空间有效载荷的布放、回收和照料大都需要通过航天员进行太空行走，实施舱外作业才能有效完成。

随着载人航天活动规模的扩大和周期的增加，太空行走的频度和时长也在逐渐增加。国际空间站美国女指令长佩吉·惠特森与飞行工程师丹尼尔·塔尼一起完成了国际空间站第100次太空行走。随着航天技术的发展和对于空间环境、技术认知程度的提高，人类在航天领域取得的成就越来越多，一些问题会逐渐得到解决，人类移居太空的梦想也许在不久的将来就会实现的。

•安全可靠的航天服

开动脑筋想一想，我们在选择衣服的时候都有什么要求呢？保暖、美观？进入太空，这些可不成，安全、轻便才是最重要的。事实上，一套航天服可是价值千万的，是不是很惊讶？

这些都是因为外太空的环境太恶劣了，实在不利于航天员生活。高真空、高缺氧、高辐射、高温差，这些都会严重伤害航天员。那么，怎样才能保证他们的生命安全呢？除了与外界隔绝的密闭舱，安全可靠的航天服尤其重要。

　　航天员的衣服可真不少，种类多、样式更别致。下面让我们一起来看看吧！

　　和我们在不同的地点或时间穿不同的衣服一样，航天员的衣服按照不同的功能分为舱内工作服或运动服、舱外航天服、舱内航天服。

　　舱内工作服或运动服就像是航天员的居家服，主要用于正常轨道上时。天宫课堂上，航天员们穿的正是这一套，便于日常的生活、工作。

　　舱内航天服在飞船上升、返回和交汇对接的时候是必须要穿的，若在舱内发生泄漏和压力突然降低的状况下，航天员及时穿上它，接通舱内与之配套的供氧、供气系统，服装内就会立即充压供气，并提供一定的温度保障和通信功能，保证安全返回，这样航天员就安全了。

　　而舱外航天服则更为神奇，有了它就能够在茫茫宇宙中自由行走，如嫦娥奔月，是不是很强大？它能够为航天员创造一个小小的适合生活的环境，包括适宜的温度和压力、充足的氧气和通风，还能控制人体平衡、保障航天员的视觉。一件衣服竟构造了一个小小世界，更是一个独立的生命保障系统，可见其珍贵性。

　　谈到舱外航天服，就不能不讲一下"太空喷气背包"了，它就像是汽车的动力马达。它像一把没有座位的椅子，安在航天员的背上。航天员可以通过扶手上的开关控制背包上的喷嘴，喷射出背包里的压缩氮气，从而形成各个方向大小不同的反推力，实现不同方向的移动。有了它，航天员就能像阿童木、孙悟空一样，在茫茫太空中随心所欲地翻筋斗、旋转，向上、向下、向前、向后地自由移动了。

　　有的小朋友为航天员们担心，他们穿上厚重的衣服，虽然能够自由行走，但是还能够像阿童木那样的机器人一样正常工作吗？

　　这完全不用担心，制作航天服的研究员们已经考虑到这些了。航天服一般由服装、头盔、手套和靴子等组成。服装在关节部位都做了很人性化的处理，完全不会影响弯曲、翻转等行为。尤其是航天员的手套，是通过腕圈与服装连接的，手套更是根据航天员的个人手型制造的，各手指关节部位均有波纹结构，跟手风琴的风箱一样，弯曲活动自如，便于航天员灵活操作设备。

　　航天员的身上是不是处处都是学问和知识，像个宝库？

第七课　太空生活趣谈（二）

·失重水槽

　　航天员出舱活动是重要技术的组成部分，可以完成空间站的在轨维修和舱外设施装备，空间有效载荷的布放、回收和照料等任务。这些任务的完成都需要航天员穿着舱外航天服在空间失重环境下进行。失重环境下，人的运动和作业方式与在地球表面的重力状态下完全不同。但是由于地球引力的作用，在地面上无法实现长时间的真正失重状态。所以若想让航天员顺利完成复杂的出舱活动，就需要进行专业的失重训练方法——失重水槽。

失重水槽的工作原理是浮力配平。航天员穿着水槽训练航天服浸没在水中，通过为航天员配重使其在水中受到的浮力和本身重力大小相等，使其达到中性浮力状态。这时他们要想往上浮只需吸一口氧气，想往下沉就呼出一口气，这种感觉与在太空中的失重状态下很像。但是由于水槽中水的阻力会影响航天员的运动，所以他们在水槽里的训练往往看起来像是在"打太极"。水槽里的水质很好，甚至可以直接饮用。

·太空睡眠真奇妙

太空睡觉能站着、倒立？

由于航天员处在太空失重条件下，那里没有地面引力场导致的方位感觉，所以不能分辨上下，睡觉不受姿势限制，可以躺着、坐着、站着，甚至倒立睡觉！小朋友们可能会说："太空世界真奇妙，失重状态发生了这样多匪夷所思的事情，像个大宝藏。"是的，在失重状态下，航天员的身体会完全放松，自然形成一种弓状姿势。航天专家认为，这比完全伸直平躺着要舒服得多。

在太空中睡觉最大的优点还在于不需要床，只要钻进睡袋内，拉上拉锁，头部在外，双耳戴上耳塞，双眼戴上眼罩，即可入睡；或是在居住舱内找一个既不影响别人行动，又不受干扰的角落，就可以睡上一觉。但是必须将手臂束在胸前，把身体固定住，防止睡着后，呼气或翻身所产生的推力使航天员在舱内飘来飘去，碰伤自己或碰到仪器设备的开关或损坏航天设备。

太空睡觉如何防止梦游？

既然航天员们在太空中睡眠像大海中漂泊的小船，那么，小朋友们担心航天员在睡觉的时候，会不会在不知不觉中飘走，甚至飘到宇宙中去，不能返回呢？

王亚平老师在天宫课堂上给出了答案：航天员们都有自己的卧室，但是卧室里面没有床。为了防止出现梦游现象，导致睡着以后飘走，航天员们会把睡袋固定在墙壁上。一方面，可以保证身体不会跟舱壁碰撞，也不会飘走；另一方面，这样的姿势就像睡在床上一样舒服，可以随意翻转。

太空睡觉为什么要带耳塞眼罩？

乘坐飞机进行长途国际旅行，睡觉时，空姐会发给我们耳塞和眼罩，目的是防止周边干扰、静心休息。航天员在太空睡觉，周边没有那么多人干扰，为什么也要带上耳塞和眼罩？大家开动脑筋想一想，这是为什么呢？

　　小朋友们还记得吗？我们在前面提到过，太空飞船绕地球飞行期间，一会儿是早晨，一会儿是黑夜，每天能欣赏到16次日出日落。地球上人们的生活习惯是"日出而作，日落而息"，但是飞船在航天飞行中的昼夜周期和我们在地球上的昼夜周期是不同的。白天和黑夜时间长短是不一致的，白天时间长、黑夜时间短，90分钟一个昼夜周期，最长的黑夜仅仅是37分钟。这种快速的明暗变化将干扰航天员的休息，所以要带上耳塞和眼罩。

　　王亚平老师说："早晨，计算机控制的钟唤醒我们起床。醒来拉开窗帘看宇宙空间，阳光灿烂，天色真美。可是不大一会儿，太阳没有了，天暗下来了，黑夜来临了。难道我们又该睡觉了吗？"

航天员为我们介绍太空睡觉的感受

长期置于失重环境下，人体高度放松，人的心理感受也会发生异常，偶尔睡着会产生幻觉，头和四肢好像分离一样。曾有国外资料说，航天员在睡意中，感觉到自己的手臂似乎是飘来的怪物，令人惊恐。在地球上，我们在重力作用下，大脑对人体的各个部位形成了一个经验识别；可是太空失重状态破坏了我们已有的经验感觉，突如其来的自由让大脑一时失去判断肢体的相对位置的能力。因此，睡意蒙眬或者极端困倦之时，偶发幻觉就不足为怪了。

· 太空刷牙

日常生活中，我们利用清水和牙膏解决牙齿卫生问题，但是，太空失重状态下，这两者就像是调皮的兄弟一样四处嬉戏打闹。那么，航天员们到底用什么方法降服这两个宝宝，并为己所用呢？

牙膏沫是否可以食用？

于是，"航天员牙膏"问世了。这是一种不产生泡沫，并能够被身体吸收的牙膏。至于牙刷，航天员可以选择戴上特质的专用指套，代替牙刷，也可以带自己喜欢的牙刷升空。

很多航天员会携带个人卫生盒，里面固定好牙刷和专用牙膏。刷牙的时候，首先，用橡皮筋将水袋系紧，之后取出牙刷，用搭扣与一个织物袋连接在一起，再取牙膏。一根手指轻弹开饮用袋的吸管夹，使水渗入牙刷中。之后，弹开牙膏管帽，挤出牙膏放在牙刷上，便可以刷牙了。最后，吸入水漱口，将牙膏沫吞入口中，将牙刷放在毛巾上除去水分，牙膏放入卫生盒，这期间一定要保证牙膏不外漏哦！听上去可能很简单，但是航天员却需要练习上百遍才能够一气呵成，吞牙膏这可不是能轻易尝试的。

太空航行时间不长可以不刷牙吗？

王亚平老师告诉我们，不刷牙是很不卫生的行为，即使在失重条件下，细菌也是可以繁衍生息的，所以千万不要抱有侥幸的心理，它们会附着在口腔中甚至进入到胃里，影响身体健康，这是很危险的行为哦。

航天员们还可以采用一种特制的橡皮糖来保持口腔卫生，这是一种强力的口香糖，航天员充分咀嚼后便可以将细菌吸附下来，达到清洁牙齿的目的。

• 太空喝水趣事多

"水往低处流"是地球上的真理，这是由于重力的作用，流体由引力势能高处向低处运动。但是，在失重的状态下，一个装满水的杯子，无论是朝上，还是朝下，杯中的水都是流不出来的。因此，航天员如果想要喝水的话，这还真的需要一点技巧啊！

太空中的水是密封装在袋子里的，航天员可以通过将水挤压、喷射到嘴里喝水，或者用吸管慢慢地将水打入嘴里。王亚平姐姐为我们展示了一个绝妙的喝水方法，她将水袋挤压出水球，飘在空中，然后直接吃掉这些水球。航天员的吸管还有开关，喝不完的水会被卡住，以免水漏出来。一旦漏水的话，这些水珠就会飘浮在空气中，它可能会影响到很多电子仪器设备的安全。

• 太空吃饭

航天员在太空饥饿了该怎么办？面包或者米饭在容器中是倒不出来的，因为没有重力帮忙；饭菜可能会到处飘浮或洒落，所以航天员必须寻找新的就餐方法和途径。首先将各种食物和餐具都固定好，再小心地打开食品塑料袋，用叉子和筷子取出食物，最后送到嘴里。一般来说，食品会采用一块一块的小包装，便于一口吃下，以减少残留物在空中飞舞的情况发生。

当然，食品加热也是必要的。那么小朋友们猜猜看，航天员是怎样加热食品的呢？点火加热吗？不行，引发火灾怎么办。航天员在太空舱里是使用微波加热器来烘烤食物的。为了防止加热的食物到处漂浮，需要将加热的食物固定好，然后打开电源加工这些太空食品。食品烹饪完工后，怎么吃饭呢？桌子和椅子必不可少吧。太空餐桌具有磁性，它能吸住金属餐具。

吃饭时，航天员需要先把脚固定在地板上，面对餐桌，然后慢慢地开始进食动作。

太空餐具：筷子 pk 叉子

在地球上，我们的祖先历代实践，留下了许多顺手的餐饮器具，比如勺子、叉子，还有筷子。勺子是取用液体食品的有效工具，而叉子和筷子一般用于固体食物的取用，无法操作液体或流体食物，这些是我们的日常经验。手握勺子、叉子，或者勺子、筷子，左右运筹就可以顺利完成就餐。那么在太空中，最优良的餐具是什么？在太空中，牛奶和水由于表面张力控制，它们不会流动，而是呈球形并飘在空中，航天员既可以使用勺子取水喝，也可以使用筷子夹住水球并放入口中喝下。所以，在太空失重环境下，筷子不仅是吃饭的得力工具，也是取水夹物的利器，这一点恐怕我们的老祖宗发明筷子时也没有想到吧！

· 为什么太空西红柿比地球的大？

我们时常听说，科学家们经常将蔬菜种子带进太空，在那里进行太空育种实验，已经培育出许多特形蔬菜，让我们大开眼界。我们对于称之为"太空蔬菜"的直观认识就是，它们特别大，有的还能达到百斤。实际上，太空蔬菜不仅个头大，它们的口感更好，味道更香甜，营养也特别丰富，比如维生素含量是普通蔬菜的两倍以上，铁、锌、铜等对人体有益的元素的含量也要比普通蔬菜高。那么，太空蔬菜出生的秘密究竟是什么？我们在未来可能让太空蔬菜成为日常补品吗？

　　科学家将植物送上太空的研究行动始于 1946 年。同年，美国宇航局将第一批进入太空的玉米种子成功回收。我国也不甘落后，自 1987 年开始也将第一批种子带入太空，截至 2011 年先后进行了 13 次空间搭载试验，实验作物种类达 70 多种，培育出 60 多个突变品种，其中有 30 多个已被国家审定为新品种并供应大众食用。

　　太空蔬菜是如何培育的？科学家直接将植物种子带进太空进行种植吗？实际上，早期的太空蔬菜只是将种子通过火箭或高空气球带入太空上"旅行一圈"，停留足够时间后，再将种子带回到地球的土壤中长大。确切地说，将种子送上太空只是第一步实验，但也是最关键的一步，这是为了让种子在太空环境中产生基因突变，拥有新的物种特性。在种子返回地面之后，科学家仍需要培植、筛选、杂交，经过多年的培育才有可能形成我们所说的太空蔬菜。太空育种仍然是当今高科技事业，目前世界上只有美国、俄罗斯和中国这三个国家具有研究太空育种的技术和实力。

随着科技的不断发展，2015年国际空间站成功培育了第一批纯太空"特色"蔬菜，这标志着在太空种菜技术的成熟。2016年，我国的天宫二号空间实验室也完成了首次在太空栽培蔬菜的实验。

太空种植蔬菜也像地面种植一样吗？将种子放在泥土之中，然后浇水吗？常识告诉我们，任何生物必须与水同生，如果离开水便不能维持长久生存。在太空失重状态下，航天员都是"漂浮"在空中的，这也使得水很难像在地球上一样稳定。为了不让水和养分物质随意"飘走"，科学家研究发现一种名叫蛭石的矿物质，其具有很好的吸水性，在太空中也能将水给"锁住"，这是一种奇特的太空"土壤"。植物要放在一个特殊的检测装置中培育，可以实时监测土壤中的水分和养分以及植物的发育情况。当种子发芽后，我们需要使用特殊的发光灯具，给蔬菜提供专门的光照。在空间站中，由于环境完全封闭，这就好比在一所没有窗户的屋子，阳光根本无法照射进来。研究发现，阳光在穿过三棱镜后会产生红、橙、黄、绿、青、蓝、紫的七色"彩虹"，因此科学家们通过多种颜色组合的 LED 灯完成蔬菜在太空中的"晒太阳"。灯光由红、蓝、绿三种颜色组合而成，植物对红光吸收效率非常高，这部分光提供较多，它是影响蔬菜健康生长的重要因素；蓝光是蔬菜品相的"护肤品"，蓝光的照射使得蔬菜的形体舒展，帮助蔬菜发育出饱满的"体型"；绿光的作用更像是"美化包装"，它使蔬菜看起来亲切而可食，绿光的照射会使人类对蔬菜的视觉感知良好，如果缺少绿光照射，蔬菜的颜色变紫，会令人感到紧张。

　　短暂的太空旅行为什么能够改变植物的基因性状？植物的大小和功能是生来就具有的，这种改变的原因仍然是个谜。目前科学界流行的解释是，太空中各种高能辐射很强，其强度远远高于地球表面，种子在这种高辐射环境下产生了基因突变。也有科学家认为，微重力和弱磁场也起到了一定的作用，因为地面重力和磁场使得植物适应着天生的环境要素，一旦这些基本要素改变，基因也会随之发生突变。由于太空植物研究属于新兴学科，诸多问题有待甄别，另外太空环境极其复杂，科学家还没有搞清种子基因突变的具体原因，所以我们还不能控制太空育种的成功率。还有，经过航天旅行的种子也不一定都会发生突变，甚至有的还会发生坏的变异。1971 年，根据美国宇航局的计划，分别有 500 种不同的树种子搭载阿波罗 14 号飞向月球，后被带回地球，他们对这一批树木寄予厚望，起名为"月亮树"。然而到达过月球表面的 500 颗"月亮树"种子在地球成长多年后，和普通的地球树并没有什么不同。

食品安全是当今世界的热点话题，那经过太空辐射培育出的太空蔬菜能放心食用吗？首先，辐射是育种的一种常用手段，科学家们在地球上也经常用各种射线来照射植物种子，促使植物进行基因突变，然后选择优良的性状进行培育。其次，太空辐射会直接穿透蔬菜种子，而不会在蔬菜体内存留，最关键的是从太空下来的蔬菜并不会马上被使用，它们会经过不断的培育、杂交、筛选，经过好几代后才有可能形成新的品种。最后，经过国家相关部门确认对人体无害后才有可能被端上餐桌。所以太空蔬菜是可以安心食用的。

我们如何理解太空蔬菜和转基因食品的关系呢？众所周知，太空蔬菜与转基因食品从本质上是不一样的，最根本的区别就是人在其中的作用。太空蔬菜在培育过程中，是人为的诱发其基因突变，但是人并不能控制其突变的方向，只是改变了种子环境，没有引入外界的基因，本质上与自然变异没有什么区别。转基因食品却是利用基因技术，人为地将一种或几种生物的某种特定的基因植入到另一种生物中。

期望与等待是我们的态度，未来利用太空育种技术，一定可以培育出口感更好、产量更高的太空蔬菜，更多的太空蔬菜将会走进千家万户、造福人类。

太空辣椒

转基因水果

• 太空洗澡怎么办？

航天员在太空失重环境下工作，他们的个人卫生问题是一件令人头痛的事情。在地球重力作用下，洗澡水会自上而下流动，只要打开水喷头一切都在不言中，简单而方便。但是在失重状况下，这一切却成为困难的事情，水箱和水飘在空中无法流动。于是，科学家想出一个主意，让航天员使用水枪喷水这种方式洗澡，可是用过的废水不加处理将带来大问题。航天工程师设计了一个封闭的浴室，让航天员身体进入其中，而脑袋露在外面，当使用自动出水器喷水洗澡时，脑袋露在外面是为了防止水雾进入呼吸道，避免呛水风险。洗澡之时，还要将废水抽走、净化装置处理后再重复使用这些水。所以，太空洗澡是一项复杂而费力的"工作"，浴室一方面加压喷水，另一方面还要抽水净化。由于太空舱载荷有限，储水非常宝贵，可谓"滴水寸金"。所以航天员一般只是每一天用浴液海绵擦擦身体，真正的洗澡也只是每周一次的奢侈"福利"。

· 那些在航天科技中诞生的生活用品

人类在太空探索上花费的心血和金钱实在太多，这让公众产生了许多疑问，火箭和太空到底给我们这些普通民众带来了哪些实惠？一个国家投入过多财力发展太空产业是否得不偿失？为了回答这个问题，我们有必要列举一些太空时代的产物，以及那些被大众广泛使用的航天科技产品。

气垫跑鞋

为了制造轻便的太空头盔，20世纪80年代，美国的航天工程师发明了"中空吹塑成型"的工艺，依次设想将耐压软材料加热软化，在模具中冲压成形，即向模具吹入高压气体使得塑料固化，这就启发了人们制作气垫跑鞋。这种鞋轻便、透气、减震，还可以根据个人脚型制作模具并私人量体造型。气垫跑鞋的良性功能已经被大众所接受，它对脚、膝盖和肢体起到一种缓冲保护的作用，所以成为我们日常的生活用品。

婴儿食品

婴儿的咀嚼能力和消化能力都偏弱，需要吃营养丰富、细软、容易消化的食物，然而太空环境中的航天员在有限的空间和负载条件下，也面对婴儿一般的类似饮食问题，所以需要吃一些软烂和流食，满足各种营养需求，包括对维生素和矿物质的需求。科学家们还考虑太空飞行之中产生的辐射问题、骨骼健康状况等，研究食物摄入量、体重和身体成分、骨量。这些营养评估和健康风险最小化的想法已经用于婴儿食品的开发。另外，在太空食品开发过程中，通过光合作用在太空中产生氧气的想法，让科学家开始对藻类进行特别关注的研究，他们发现某些海藻中含有两种人体母乳中必需的脂肪酸，这在婴儿的心智和视觉发育中起关键作用，目前许多发达国家在婴儿食品中已添加这些脂肪酸的合成成分。

脱水蔬菜

在太空旅行，补充维生素是必不可少的饮食需求，一旦缺乏，航天员将精神萎靡、情绪低落，可能导致各种太空病，使之无法正常执行任务。假如能在太空吃到蔬菜，那是多么奢侈的享受和渴求。太空舱有限的重量和体积约束，不允许将可口的大白菜带到太空食用。为了解决蔬菜缺乏问题，科学家发明了脱水蔬菜，这种方法使得蔬菜98%的营养得以保留，但是其重量可以压缩到原来的 10%。我们今天在工作餐台享用的快餐就包括对这项技术的应用，在高铁、飞机和长途汽车，在野外考察、勘探和施工，这种干蔬菜就是我们难得的朋友，可以随时随地地补充人体所需。

尿不湿

人类第一位航天员是苏联的加加林，当他进入发射舱等待起飞命令时，突然感到尿急，工作人员只好将发射延迟，帮助他由太空服的管子向外排尿。无独有偶，美国第一位航天员谢泼德也因为在等待飞船发射时遇到如此难堪的局面，不过其待遇却不及加加林，指挥官命令他在太空服里撒尿。上面的尴尬故事催生了科学家的创造力，通过加入高吸水性树脂材料，使得流入的液体迅速被吸走，改进了太空服，从此航天员不必担心汗水与尿水的烦恼。这种吸水性能卓越的材料是由一种混合物构成的，包括淀粉和丙烯酸盐，其吸水能力堪称超级海绵。幸运的是，航天员的秘密隐私物品已经被推广到全球每个角落，今天在超市里它已成为年轻父母的抢手货，也是长期卧床的老年人的必需品，即"尿不湿"。

再生水技术

航天员在空间站的用水是极其节俭的，这是因为从地球带来的淡水一般很快会被用完。如何将航天员呼吸产生的水分、汗水和尿液转化为可饮用水是一项必须解决的研究课题，否则会给长期驻留在太空增加挑战。由于发往空间站的货运飞船数量少，每艘飞船一次运送约 600 千克水，所以空间站常常闹水荒，于是，淡水再生设备便应运而生。

目前在继续研究的再生水技术利用细菌作为去除杂质和净化水的手段。这种技术可以利用少量的资源，这也许能帮助到面临水资源危机的国家。

据有关资料统计，城市供水的 80% 转化为污水，经收集处理后，其中 70% 的再生水可以再次循环使用。这意味着通过污水回用，可以在现有供水量不变的情况下，使城市的可用水量增加 50% 以上。世界各国无不重视再生水利用，再生水作为一种合法的替代水源，正在得到越来越广泛的利用，并成为城市水资源的重要组成部分。

实现水资源可持续利用。水是城市发展的基础性资源和战略性经济资源。随着城市化进程和经济的发展，以及日趋严重的环境污染，水资源日趋紧张，成为制约城市发展的瓶颈。推进污水深度处理，普及再生水利用是人类与自然协调发展、创造良好水环境、促进循环型城市发展进程的重要举措。国际上，对于水资源的管理目标已发生重大变化，即从控制水、开发水、利用水转变为以水质再生为核心的"水的循环再用"和"水生态的修复和恢复"，从根本上实现水生态的良性循环，保障水资源的可持续利用。

再生水合理利用不但有很好的经济效益，而且其社会效益和生态效益也是巨大的。第一，随着城市自来水价格的提高，再生水运行成本的进一步降低，以及回用水量的增大，经济效益将会越来越突出；第二，再生水合理利用能维持生态平衡，有效地保护水资源，改变传统的"开采—利用—排放"开采模式，实现水资源的良性循环，并对城市的水资源紧缺状况起到了积极的缓解作用，具有长远的社会效益；第三，再生水合理利用的生态效益体现在不但可以清除废污水对城市环境的不利影响，而且可以进一步净化环境，美化环境。

家用血压计

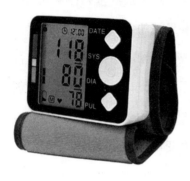

40 年前，科学家们为第一个在太空飞行的美国航天员发明了一种自动测量装置，以查明火箭发射对航天员的血压有什么影响。基于这种设计的血压计后来成为主流，被运用到一般家庭中。

卫星电视

你能想象吗？如果没有这项航天技术的研究，也许我们能够收看的电视台就要减少一多半。1962 年 7 月 10 日，美国宇航局发射了世界上第一颗通信卫星。有了它，人们才能收看到更多的电视节目。

中国太空课堂

2013 年在天宫一号中航天员王亚平和聂海胜在太空中给地球上的学生授课，此次授课主要面向中小学生，课中主要讲解了 4 个物理实验，分别是质量测量、单摆运动、陀螺运动、制作水膜和水球。太空课堂是对太空授课的一种延续，让航天员走进学校为中小学生普及航天知识和文化，培养学生们对太空的向往和热爱，让我国航天事业薪火相传。

卫星导航

这项技术可以说已经和我们每一个人的生活紧密联系在一起了。目前全球共 4 大卫星导航系统：美国的全球定位系统（GPS）、俄罗斯全球导航卫星系统（GLONASS）、欧洲的"伽利略"卫星定位系统（GALILEO）和中国的北斗卫星导航系统（BDS）。1964年美国建成世界上第一个卫星导航系统——"子午仪"卫星导航系统，但是该系统卫星数量少，无法进行准确定位。直到1994年由24颗人造卫星组成的全球定位系统简称GPS正式完成布设，可以覆盖全球98%的区域，定位精度可达10米。现今GPS的运用可以说已经深入到各个方面，如手机导航系统、汽车导航系统、滴滴等。可以这么说，如果没有卫星导航，人们的生活将变得"没有方向"。

GPS　　　　北斗卫星导航系统　　　　环球无线网络系统

第八课　移民外星不是梦

　　人类自古就向往着探秘浩瀚宇宙，不断地寻找地外文明与适合人类生存的第二家园。地球就像是大自然的宠儿，在我们已知的范围内，没有比它更适合生命生存的了，但是宇宙如此广阔，我们相信仍有概率找到另一颗神奇的星球。

　　逐渐衰老的太阳伴随着环境透支的地球，使得人类生存风险加剧。可能有一天，我们的星球会变得热浪滔天、干燥荒芜，或是冰封万里，或是洪水泛滥……科学家研究表明，大约一万年前，地球早已经历了一次冰河期，那时陆地的绝大多数面积

被冰雪覆盖，人类侥幸生存下来，其后玛雅人由亚洲向美洲移民，寻找栖息地；大约 5000 年前，大洪水到处泛滥，人类文明又经历了一次重大打击，导致许多区域文明消失。在 21 世纪，寻求向外星移民是一个不断被提起的现实话题，我们习惯了地球上得天独厚的环境，却忘记了这些珍贵的条件是多么精巧地组合起来，才使得人类得以生存的。假如地球上的食物链被破坏，假如没有可以供人类呼吸的氧气，假如水源枯竭……我们需要什么才能活下来？这个问题，人们不能将视角放在地球上考虑，更要从基本的条件说起。

现在天文学家已经发现了 3000 多颗行星，但是那些行星上都没有水，更谈不上空气了。假如找到了接近地球环境的行星，那么太空移民就不是一个梦了。由于航天器的限制，我们只能携带一部分的资源、材料或仪器到太空或目标星球上，对其环境进行改造，制造我们生存的必需品。

·星球改造计划

首先，要解决氧气的问题。地球上的大气中，氧气浓度约为 78%。相比其他星球来说，已经是非常优越的环境了。各星球的大气层状况不同，有的十分稀薄（如火星），有的非常浓厚（如金星）。在我们已知的星球中，它们大气层中的成分，大多为二氧化碳，氧气含量极其稀少。

　　下一个问题是水。由于与恒星距离的远近和大气层的薄厚等条件的不同，使各星球表面的温度相差甚远。温度影响着水的三态变化，在地球标准大气压下，0℃以下的水就会以冰的形式存在，而到100℃以上就变为水蒸气，像地球一样的温度条件是非常难得的。我们探测到许多"可能存在"或者"曾经存在"水的星球，但到现在为止还没有得到哪颗星球存在液态水的证明。地球的温度在 −40℃～+40℃之间变化，人类是可以承受的。假如行星距离太阳太近或太远，导致温度过热或过冷，人类将无法生存。

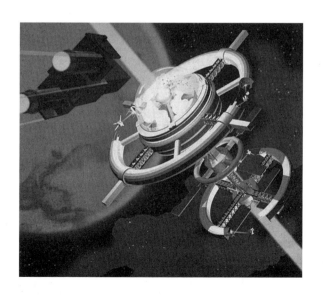

　　人类移民到太空，温度、气压等问题都可以参考现在航天任务中的做法，利用航天技术创造一个相对稳定的环境。食物在短期内可以由地球上运送供给，当条件进一步发展，也许我们可以改造其他星球的土壤，直接在那里种植农作物，开拓"太空农田"呢！

　　怎么样，是不是有些向往太空中的生活了？但太空移民是个艰巨而伟大的任务，仍有许许多多的难题等待人类去解决。我们现在或许做不到在另一个星球上生活，但可以在太空中建立空间站，在地球的支援下建造我们的太空基地。

　　人类探索太空的脚步从未停下。

·地外文明探索

　　为了寻找宇宙中其他生命的存在，人类不断地探索着，并且已经不满足于探索我们生活的太阳系，而试图飞出太阳系，美国的"旅行者"号宇宙飞船正在做着这件事情。20世纪70年代，美国宇航局先后发射了旅行者1号探测器和旅行者2号探测器，两颗探测器在完成既定的探测太阳系行星的任务之后，朝不同方向飞出太阳系。"旅行者"号探测器上还携带了一张镀金铜板声像片和一枚金刚石唱针，它可以在宇宙中保存10亿年，上面记录了用54种人类语言向外星智慧生物发出的问候语，还有117种地球上动植物的图形，以及长达90分钟的各国音乐录音，其中包括中国传统古琴名曲《高山流水》。这些地球之声将带着人类的期望回荡在宇宙空间。人们希望它在宇宙中漂流的漫长岁月里能遇上地外生命，而这张唱片则传达了来自地球的信息。

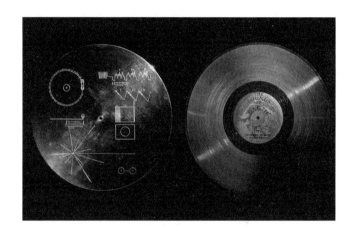

旅行者1号探测器一段发给外星人的电文：

这是一个来自遥远的小小星球的礼物，它是我们的声音、科学、形象、音乐、思想和感情的缩影，这个地球之音是为了在这个辽阔而令人敬畏的宇宙中给予我们的希望，我们的决心和我们对遥远世界的良好祝愿。

旅行者 1 号探测器的运行速度约为 17 千米 / 秒，距地球约 180 亿千米，它已抵达太阳系边缘。

·人类是否来自太空

人类始终对"我是谁""我从哪里来"等问题非常感兴趣。

英国卡迪夫大学教授、天体生物学家钱德拉·维克拉玛辛赫称在 2012 年 12 月坠落在斯里兰卡的一块陨石中的化石与地球上 5500 万年前的微生物化石十分相似。他还称这项发现是证实人类来自外太空这一说法的压倒性证据。但很多专家认为维克拉玛辛赫的说法非常"可疑"。长期以来，科学界认定地球上许多元素来源于宇宙。比如，构成生物体的重要元素碳和氧来源于恒星内部，在高压和高温中形成，随后伴随着超新星爆发喷散至宇宙空间。金、铂等重金属元素也不例外，都是来源于超新星爆炸的高温高压环境，在地球环境下是不可能生成的。人们佩戴金饰其实是"戴着一小块宇宙碎片"。

考古学家发现古老玛雅文明的壁画上竟有类似 UFO 的描述，以及诸多 UFO 事件的传说。所以有人猜测，人类是否有可能是地外文明在地球上的一个试验品呢？我们的一举一动都在被其他文明所监控。当然，这都仅仅是猜测。

·反思地球的独特环境

美国宇航局 2016 年 5 月 12 日宣布，开普勒太空望远镜在寻找第二个"地球"的过程中，发现了 1284 颗行星，这使得人类已知的行星数目增加到 3200 颗。不过，这一振奋人心的消息也令人微微伤感，那就是依然没有找到任何地外生命的迹象，使得"宇宙移民"的梦想变得渺茫而缥缈。

面对这一充满希望而又失望的窘境，人们再次反思地球的独特性。为什么只有地球孕育了生命？地球的哪些独特环境是生命的必需条件，人类为什么幸运地诞生在地球上？这些特殊环境是被"设计"出来的吗？那么，谁是地球和人类的总设计师？

我们不妨再次思考地球孕育生命的那些独特条件，重新认识地球的弥足珍贵之处，探索地球与宇宙的神秘关联。

　　水是生命的源泉，太阳系八大行星之中只有地球是拥有水源的。假如地球上没有水，生命必将枯萎。那么，地球上的水来自哪里？这一直是个有争议的学术问题。比较典型的说法是，地球诞生之初就有水，那时大气或地表中的氢与氧化合成水分子，逐步积累形成现在的海洋；另有观点认为，彗星可以携带水，与地球碰撞也可以形成海洋。其他八个行星即使有"天水"降落，但由于其自身物理环境不匹配，要么太热，要么引力场太弱，因此无法将水存留在其星体表面。

　　氧气是我们赖以呼吸的基本元素，一旦地球缺氧，大量生物将面临灭顶之灾。氧气可以由光合作用产生出来，森林及植物吸收二氧化碳而释放出氧气。假如我们过度排放大气污染物，盲目砍伐森林和雨林，那么地球的氧气也将随之减少，这将进一步使生命的呼吸环境恶化。

　　地球大气圈和臭氧层也是地球生命的保护伞，臭氧分布在20千米～50千米的高空，它可以吸收紫外线，保护地球生物免受高能紫外线的伤害。据报道，近年来南极上空的臭氧层空洞面积增大，导致澳大利亚的皮肤癌患者有所增加。

　　地磁场也是地球生命的盾牌。每当太阳黑子大规模爆发时，会喷发大量高能带电粒子，它们以"太阳风"的形式吹向地球，一旦直接打在人体上，也将导致不幸的损伤。地磁场的存在，改变了带电粒子的运动方向，将其引至地磁的两极，产生了色彩斑斓的极光现象，从而保护了地球上的生物。据推测，火星由于缺少了磁场，被"太阳风"摧毁了大气层，使之逃逸到太空中。

地表温度适中使海洋处于流体状态，创造出了舒适的生命环境。假如地球距离太阳过近或者过远，使地表温度过热或者过冷，都将成为地球生命的"杀手"。地球太热，水分蒸发过多，生物将失水而亡；地球太冷，海洋结冰面积过多，生物将活力锐减甚至冻死。总之，地表极端热冷或者分布不均都是生命存活与持续的障碍。

地球引力场强度适当也是生命的福音。假如地球引力场偏弱，常温下大气分子的运动速度大大高于地球的逃逸速度，那么大气层分子将飞向太空，而引力场无法罩住大气层。月球的引力加速度相当于地球的六分之一，这也是其缺少大气层束缚力的原因之一。

地球大气和地层环境的无毒害物质成分是生命的基础。假如地球大气充满二氧化碳，不要说人类呼吸困难，温室效应也让人类难以生存。而地球的大气成分正好适合生命的循环，其氮气和氧气含量分别约为78%和21%；甲烷、二氧化硫、重金属气体，这些致命"杀手"在地球大气层的含量低微，而地球的土壤主要由无毒的矿物质和有机质等物质组成，这些条件都为生命孕育提供了温床。

　　月球也是地球生命生生不息的发动机。假如没有月球，我们不仅失去嫦娥的梦想，也可能引发生态危机。月球的月周期已经是地球生命体的"生理"周期，其潮汐力导致大气层和海洋以及地球内部的周期性形变，推动地球物质流动而交换循环。缺少月球的地球，大洋流动减慢，大气环流减弱，全球冷热循环变弱，会让生命维持环境变得冷热不均，最终引发全球生态链条的循环失调。所以，不夸张地说，月球是地球生命维持的发动机，它的调解作用是环境平衡的基础。一旦月球消失，我们可能将面临灾难。

　　太阳系在银河系的独特位置也是生命存活的条件。银河系是宇宙中的一个普通星系，其分布形状如同一个螺旋状的铁饼，直径大约是10万光年，而太阳系处于银河系中心外2.5万光年的位置。假如太阳系靠近银河系心脏中央处，那里恒星数目很多，接近太阳质量的400万倍的中心黑洞，其"生态环境"相互作用剧烈，各种碰撞频繁，高能粒子流动强烈，地球的生命体很难在大量宇宙线的冲击下安然无恙。所以，我们要感谢太阳系的选择，它远离了星系的危险"是非之地"。

　　地球转动轴与地球公转轨道平面（黄道面）的法线交角是

23.5°，这是一年四季的起因。由于存在明显的四季交替，太阳的辐射热量的分配使得南北半球冬夏交替，这一冷热分布推动大气南北向流动。假如地轴与黄道面垂直，地球就没有四季之分，每天一样的天气使生命体缺少生机。另外，假如地轴与黄道面平行，那么地球的某些位置会因被太阳长期照射而过热，而另一些位置则因几乎没有阳光辐射而过冷，这都不利于生命的孕育和持续发展。

综上分析，关于地球生命诞生的环境是异常独特的，满足上述 10 个条件的行星，在宇宙中更是凤毛麟角，这就是为什么难以找到"第二个地球"。地球如此之多的奇特条件，真的只是偶然吗？月球选择了围绕地球的好位置，地球也选择了恰当的太阳系位置，太阳系还身处银河系的优越位置，再附加一系列极其独特的地球物理条件，然后在地球上又出现和进化了人类，我们一起开始思考宇宙的一切。难道地球的一切全部是偶然的进化、随机选择？假如这是随机选择，我们应该发现那些满足地球环境的 8 个独特条件中有至少满足 3 个条件的行星吧。显然，开普勒太空望远镜的搜索否定了我们的期望。人们开始了以下种种猜测：假如地球的一切不是偶然发生的，那么是谁选择了地球并创造了我们？参照迄今观测到的宇宙天体环境，我们被迫推论，人类和地球可能是被"精心设计"出来的；进一步的推论是，地球上许多重大事件是这个宇宙"总设计师"的意志体现。难道我们人类是一群宇宙实验室的"白老鼠"和"黑老鼠"吗？近万年来，人类进化的"断层"也是某种力量的刻意而为吗？我们曾经一度认为，人类就是地球的主宰，然而重新反思地球神奇而独特的生命循环条件，思考开普勒太空望远镜探测"新地球"无果的原因，我们似乎准备迎接另一个猜想，那就是：人类不是地球的主宰，而是被一个神秘的力量而控制。因此，除了继续太空探索"新地球"，还要重新思考这个"老地球"在宇宙中的特殊位置，找寻人类和生命的真正意义与使命。

因为科学家在宇宙深处还没有找到第二个地球，所以目前珍爱地球依然是唯一的选择。地球是我们生命的摇篮，还是目前唯一的家园。地球生命与地球环境构成了互相依赖的循环体，彼此需要，互为前提，任何链条的失序都将导致生态系统的瓦解。或者说，我们的生态链非常脆弱，任何过度改变将面对"不可逆转"的风险。所以，至少目前来看，适应环境并保护环境是我们生命延续的基础，大幅度地破坏和改变自然环境必然导致各种地质灾难的发生，诸如洪水、瘟疫、火灾和地震。审视反省我们的生存态度，中华祖先的"天人合一"哲学或许是地球生命延续的最高真理。一目了然，盲目的工业化开发、贪婪的生活方式、无视环境的罪恶行为，这些都是地球生态系统的克星，最终必然反作用到地球生命环境，造成巨大的灾难。平心而论，与其苦苦寻找第二个地球，不如反思如何爱护唯一的地球。否则，即使找到第二个地球，在我们实施宇宙移民之前，地球生物可能就被破坏殆尽了。不管宇宙中是否存在另一个"新地球"，我们首先要做的是修理和善待我们这个46亿岁的"老地球"。或许，外星人居住的行星也正在面对环境恶化，他们也正在设法寻找另一个"地球"去移民。正好类比，我们的地球也许就是外星人的"美洲大陆"。

2016 年 10 月 17 日，中国发射神舟十一号飞船。飞船入轨后经过大约两天独立飞行完成与天宫二号空间实验室自动对接形成组合体。神舟十一号的总飞行时间长达 33 天。在这 33 天过程中，飞行员也在太空进行了一系列的实验，并于 2016 年 11 月 17 日进行了世界航天史上第一堂"天地联讲科普课"。本部分将对其中涉及的天文物理内容进行阐释。

扩展 1　空间站知识知多少

·空间站是什么？

通俗来说，空间站是航天员在太空长时间生活的家，不过它是载人航天器，这与我们常见的航天器不同，它没有推进系统或着陆系统，也不能自动返回地球。现在只有国际空间站和我国的天宫空间站还在地球轨道上运行，然而几年后国际空间站将完成其使命，届时天宫空间站将是唯一的空间站。

·为什么要建空间站?

国际空间站造价超过 1000 亿美元，而且每年的维护费高达 40 亿美元。空间站建造和运行费用如此之高，为什么世界各国还争相建立呢? 这主要是因为空间站在科技研发、国民经济、国防军事上都有重大的实验价值。第一，在建造空间站的过程中，工程技术人员将积累大型航天器的实际操作经验；第二，空间站是人类探索太空的最高实验室，它给航天员提供了长期驻留太空的基地，积累了诸多太空生活经验，可以为未来人类长时间星际航行和外星移民打下坚实基础；第三，从科学研究的角度看，太空中没有大气的影响，科学家可长时间观测宇宙奥秘；第四，从国民经济的角度看，勘测地球资源，发现矿藏、海洋资源、森林资源和水力资源，太空站是最佳探测器；第五，为进行大地测量、军事侦察、实验航天器积累经验；第六，太空中的环境极其特别，如微重力、弱磁场、高辐射，这些都为医学和生物学研究提供了极端环境研究的场所。

·太空站的早期设想

令人意外的是，空间站一词最早并不是由科学家提出的，而是由 1897 年德国科幻小说家爱德华·埃弗雷特·黑尔在

《砖月亮》(*The Brick Moon*)中首先提到的，那时认为空间站是人类进行太空旅行的关键载人航天器。20 世纪初，康斯坦丁·齐奥尔科夫斯基首次对空间站的可行性进行了思考。1929年赫尔曼·波托·尼克在"太空旅行问题"中设想，旋转轮空间站模拟创造人造重力。之后，奥地利工程师提出一种轮式空间站的设计方案。直到 1946 年冯·布劳恩提出了正式空间站的设想。

·空间站发展历史

　　第二次世界大战后，美国和苏联这两个超级大国为了争夺世界霸权，开始在太空展开了激烈的竞赛。当苏联航天员加加林环绕地球成功落地后，20 世纪 60 年代，美苏开始了激烈的探索月球的竞赛。1969 年，当阿波罗 11 号飞船将航天员尼尔·阿姆斯特朗、迈克尔·科林斯和巴兹·奥尔德林成功送上月球后，这也宣告了美国在登月竞赛中的胜利。这是人类首次实现了月球梦，指令长阿姆斯特朗曾说出震撼世界的话语："that is one small step for a man, one giant leap for mankind"（这是个人的一小步，却是人类的一大步）。面对月球竞赛的失败，苏联人没有气馁，他们励精图治、另辟蹊径，既然不能把人送得更远，难道不可以让人在太空中生活得更久？ 于是当美国还沉浸在登月喜悦之时，空间站的构想被提出来，苏联秘密地行动，在1971年，他们宣告世界上首个空间站计划开始实施，礼炮1号空间站发射升空，并与之后发射的联盟11号飞船成功对接；随即三名苏联航天员进入空间站，并连续生活了23天18小时，这标志着人类探索和利用太空进入一个崭新的阶段。从此，苏联不断从胜利走向胜利，陆续发射了礼炮2-7号空间站，一次又一次打破人类航天奥林匹克的纪录。

　　礼炮1号空间站成功升空后，苏联的欢呼声极大地刺激了美国。接下来，1973年美国的空间站，代号"天空实验室"升空。此空间站延展面积达到360平方米，相当于一个标准篮球场。运行期间，先后有9名航天员登上了天空实验室，共计在太空生活了171天，完成了多项太空实验，而且首次实现了无厚重太空服的短袖太空生活。

空间竞赛的脚步并没有停止，1986年苏联开启了"终极空间站计划"，这就是著名的"和平号空间站"。这是第一个三代空间站，由多个模块组成，前后使用10年时间才完成所有模块的对接。和平号空间站的建立开启了人类在太空长期居住的新时代，创下了连续9年有航天员在太空工作生活的纪录。然而，"和平号"并非像它的名字一样美好，它经历了命运的起伏跌宕，1991年苏联遭遇解体，其后俄罗斯又陷入经济危机，无法维持高昂的日常经费开支。为了"和平号"的生存，俄罗斯被迫放弃独自的经营管理，开始广罗财路，向世界各国伸出求助之手。据统计，15年中，"和平号"曾经接纳了12个国家的100多位航天员，这心酸的"和平号"也真正实现了自身和平的使命。

·国际空间站

国际空间站是目前世界上运行最大的空间站，在距地面350千米的轨道上，每90分钟便能绕地球一圈，也就是说空间站上的航天员每天要经历16个"日夜"。它主要由服务舱、气闸舱、功能舱、实验舱等13舱室以及太阳能电池板等组成，舱体长度达74米，相当于24层楼的高度，其内部面积有1200平方米，总重量为419吨，相当于300多辆1.5吨的小汽车质量。由于它的形体笨重，目前世界上还没有一个火箭能直接将这个"巨无霸"送上太空，因此科学家只能分步行动，逐个部件拼接。从1998年开始建造，到2011年才完成全部的组装工作，这是美国、俄罗斯等16个国家的联合项目。

·中国独立自主的天宫空间站

由于美国阻挠，拒绝中国加入国际空间站，我国自行研制了具有独立知识产权的空间站——天宫空间站，预计在 2022 年前后天宫空间站完成基本建设，到 2024 年国际空间站停止使用后，天宫空间站将成为世界上唯一的在运行的空间站。

·航天员的氧气呼吸来自哪里？

氧气是人类生存的必需物品，缺氧会造成头晕、恶心，严重的话还会导致死亡。在地球上人类主要通过呼吸从空气中摄取氧气，在遥远的空间站中的航天员是如何呼吸"空气"的呢？其实空间站中的空气和地球大气相似。空间站上的正常气压为 101.3 千帕，与地球海平面上的气压相同。空气都是由氮气和氧气组成的。之所以会有氮气，是因为混合空气要比纯氧空气安全得多。例如，阿波罗11号就曾因为使用纯氧空气而发生火灾。为了解决航天员的呼吸问题，科学家们发明了一套完善的空气供给系统。空气中的氧气来源于水的电解。水是由氢、氧两种元素构成的，在电的作用下会生成氢气和氧气，氧气进入空间站维持航天员的呼吸，氢气则被回收储藏或经化学反应再生成水。呼吸所产生的二氧化碳、人体新陈代谢产生的汗水等也都将被系统清除，这样航天员就能随时呼吸到新鲜的空气了。

· 空间站上航天员的日常工作有哪些？

国际空间站上航天员每天的工作安排和地球上的上班族差不多，每天早上6点起床，然后对空间站做常规检查，8点10分吃早餐，然后开始一天的工作，吃完午餐后在下午1点后有1小时的午休时间，晚上7点半后可以自由活动，9点半开始睡觉。一般来说，航天员每天大约要工作10个小时，当然，航天员也有周末的放松时间。航天员在空间站期间最重要的就是完成各种科学实验。这些实验涉及生物、化学、物理等诸多领域，所以说每一个航天员都是全能的科学家。

还有，最激动人心的莫过于太空漫步了，想象一下，在茫

茫宇宙中，一个人穿着"单薄"的航天服漫步于太空，这该是
何等震撼！

扩展2　空间实验室——天宫二号中的故事

·太空健身

2016年10月17日，神舟十一号飞船搭载着航天员景海鹏与陈冬，在酒泉卫星发射中心发射升空，并于两日后与我国第一个空间实验室——天宫二号对接成功，开启了两位航天员长达33天的太空生活。在天宫的这段时间里，航天员的工作可谓相当繁重。他们开展了多项太空实验，涉及生物、医学、空间技术等多个方面。

科学研究表明，人如果长期处于失重环境下，有可能会导致肌肉萎缩、骨质疏松等症状。为了保证航天员的身体健康，天宫中配备了一系列的健身器材，供航天员锻炼。

在众多的健身器材中，太空跑步是最有难度和最有意思的项目。和地面不同，太空跑步机上设计有束缚系统，可以将航天员约束在跑台上。在天宫中，由于还没有完全适应太空环境，航天员头两天跑步的时候都以失败而告终。直到第三天，景海鹏终于成功地跑了起来，还一口气坚持了1小时。这是中国人第一次在太空中跑步，为此景海鹏还专门申请通话，将这一喜讯告诉大家。

·航天员变胖了？

航天员景海鹏和陈冬在天宫空间站生活到第 22 天后，我们注意到一个有趣的现象，那就是两位航天员居然"变胖"了。为此是不是得感叹我国航天员伙食很好呢？其实航天员变胖是另有玄机。首先，可能是人离摄像机镜头太近的缘故。在现实生活中我们可以发现，在录像或视频时，如果人脸离镜头太近，像会产生畸变，就会出现一个视觉欺骗"变胖"。另外，还有一个最主要的因素就是，太空的失重环境对人体造成的影响。对于地球上的人来说，由于受到重力的影响，人体的血液和体液在下体较为集中。但在失重的太空环境下，体液和血液会重新分布，在头部聚集的血液增多，表现出发胖的"错觉"。这与在地球上长时间坐火车时，腿会变粗的现象类似。只不过后者是因为长时间坐着，影响了血液流通，才导致腿部血液聚集增多。

不过幸好这种影响是可逆的，当航天员再次回到地球后，经过一段时间，身体便会恢复原状。之所以不会马上恢复，是因为航天员在太空生活一段时间后，已经适应了失重生活，回到地球后，又要重新熟悉在地面上的感觉。比如，回到地球后下肢血液流量会重新增多，此时航天员如果长时间站立，会感觉头晕，甚至晕倒，因此，再次适应地球生活期间需要有一定的保护措施。

·太空养殖之种菜

在天宫中航天员还有另外一个身份——"菜农"，他们要在天宫中完成生菜的培育和收获。地球上有那么多种植物，为什么科学家偏偏看中了生菜呢？其中重要的原因是，首先，本次太空旅行时间是 33 天，而生菜的一个生长周期也恰好是 30 余天。其次，我国的生菜种植技术已相当成熟，而且生菜可生吃，在以后进行空间种植实验中，其收获后可以作为航天员的食物。最后，生菜是生活中很常见的蔬菜，在进行科普宣传时有利于民众的理解。

另外，太空种菜也是将植物蔬菜种植在"土壤"中，不过此种土壤和地球上的土壤是完全不同的。太空土壤是一种叫蛭石的矿物质，其吸水性很好，即使在失重环境中也能将水聚集在土壤中。

自航天员进入天宫的第二天便开始了生菜的培育，首先是拼接培育箱，这和我们生活中一些 DIY 书架的组合方法类似。

培育箱的配件都是直接通过 3D 打印来制造的。接下来便是将土壤放进培育箱，然后播种。最后给种子施肥、浇水和铺保鲜膜。这样就完成了太空生菜的播种，大约经过五天，生菜种子就会开始发芽。我们的航天员看到亲手播种的种子发芽时，都很开心，还给这些小嫩芽拍了许多照片。

在地球上，植物的生长离不开阳光；在太空中，当然也不例外。在种子发芽后，航天员就要开始给它们做"阳光浴"。太空的人造阳光和地球上不一样，它是由红、绿、蓝三种灯光组合而成的。选择红光是因为生菜对它的吸收效率最高，在红光的照射下生菜会长得更快更好，因此红光在太空阳光中占的比例最大。选用绿光是为了让植物呈现出绿油油的色彩，满足人类对植物的感观。蓝光的采用则是为了让植物形态舒展，让人觉得赏心悦目。

在生菜成熟之前的这段时间里，天宫的航天员每天都需要用一定的时间来"照顾"它们。首先航天员需要观察灯光照射是否正常，接着用仪器检测土壤中的含水率和养分含量，然后决定是否需要浇水和添加养分，最后为了保证生菜的正常呼吸，还需要给土壤注入适量的空气。当生菜成熟后，航天员会将其采集，并放置在特制的装置中，最后随航天员一起回到地球。

天宫二号中的生菜种植是我国第一次完成在太空中直接培育蔬菜，这标志着我国已经拥有在轨栽培植物的能力。本次培育的生菜没有让航天员直接食用，主要是因为，首先，这是我国第一次获得土生土长的太空蔬菜，具有很高的科研价值。其次，我们不知道这些生菜到底在太空中发生了什么变化，还需要带回地球进行生物检测，确认对人体无害后才会考虑以后让航天员食用。今后，我国还会把其他的植物带进太空进行种植，通过不断积累种植经验，逐渐掌握太空植物的生长规律，为以后的太空探测、太空移民等提供技术准备。

·太空养殖之养蚕

我国是世界上最早开始养蚕、缫丝、织绸的国家。自公元前3000年，黄帝的妻子嫘祖，发明了"养蚕治丝"的方法，至今我国养蚕的历史已达5000余年。可以说养蚕在中国历史文化中占据着重要的地位。为了改良家蚕养殖技术，研究蚕吐丝行为是否与重力有关，因此有6只可爱的蚕宝宝被带上了天宫二号。

太空养蚕是由4名中学生提出并设计出养殖方案，在确认该设想成为天宫的试验项目后，由中国农业大学的科学家团队负责培养所需的蚕宝宝。在克服重重困难后，研究团队才从

4000 只蚕中挑选出 6 只"秋丰白玉"品种的蚕宝宝。这类蚕宝宝拥有较为强壮的"体魄",抗病害能力强,最有可能在太空失重环境下存活。

为了照顾飞船中这 6 位特别的"航天员",研究团队还专门设计了一种特殊的"航天服",来保证它们的安全和在太空的生活。首先,该饲养盒拥有减震功能,可以防止在飞船发射和返回过程中受到强烈的冲击。其次,由于在太空中,蚕宝宝也是飘浮在空中,很容易迷失方向而找不到食物。因此,科研人员在饲养盒中黏上了一层布料,这样蚕宝宝就有了下"手"的地方,可以牢牢地抓住地面。最后,饲养盒两端都有一个"门",设计原理与饮料瓶盖一样,可以通过旋钮来打开"门"。蚕宝宝所需的食物也是从这两个门进行投喂的。

在天宫的这段时间里,蚕宝宝都生活得不错,其中有 5 只都完成了吐丝结茧。等它们回到地球,经过了科学家研究分析,我们就能知道太空旅行后,蚕宝宝吐丝行为发生了什么改变,这些改变能否改善养蚕技术。①

·太空餐进入日常生活

由于航天食品要求要有较长的保质期,因此一般都需要对

_____

① 本文未对以后的研究进行追踪。

食物进行加热杀菌处理。而加热后的蔬菜不管是在口感上还是在颜色和形状上都让人难以下咽,因此我国的太空食品通常是以香菇、木耳、萝卜等菌类和根类为主。一般是先通过"大锅菜"的方式将食品烹饪到半熟并封装,然后对食品进行加热杀菌,并使其完全熟透。但是高温杀菌会使食品口感变得很差,为了尽可能地保存食品的色香味,现在科学家们研发了多阶段加热杀菌法和冷热结合杀菌法。每当有新航天食品被研发完成后,首先将邀请"感官评价员"来进行试吃和评价。如果通过了评价员的试吃,还会邀请航天员来测试口感,如此之后才会被列入航天员太空食物清单。

就我国而言,由于技术和成本的原因,虽然目前在生活中很难见到天宫中的航天食品,但相关技术其实早已经进入了我们的生活中。比如,用航天脱水技术做成的紫菜蛋花汤包。从全球来看,普通民众想试试航天食品,似乎也不是那么困难了。例如,位于莫斯科的全俄展览中心,在其自动贩卖机上都可以买到包括主菜、副菜、甜点等在内的 11 种航天食品。我们相信随着我国载人航天事业的不断发展,航天食品也会进入到广大人民的餐桌上。

·太空体检

地球上每个人都会有生病的经历，人们为了预防和及时发现疾病，一般都会定期地去医院进行体检。为了及时掌握天宫中航天员的身体情况，他们也要定期进行"太空体检"——失重心血管研究实验（简称 CDS）。

在做体检时，航天员需要先换上特定的"制服"。这种制服上有很多可以打开的粘扣，主要是考虑到做体检时有许多电线需要连接到身体上，而太空中航天员行动本就不是很方便，平时穿的衣服会增加体检的难度，所以在衣服上设计了好几个开口和拉链。比如，如果航天员想测量血压，便不用再挽袖子，只需轻轻一拉粘扣就可以了。

在各项太空体检的项目中，超声检测的方法与地面上差别最大。因为在失重环境中，人的器官会发生一定的位移，所以在地面上只需根据经验，就能准确找到相应器官的位置，但在太空中就只能通过不断地变换探头位置来寻找。

·伴随卫星

在航天员进入天宫的第 5 天，天宫成功释放了一颗小型的伴随卫星，就像月球围绕着地球公转一样，伴随卫星还可以围绕着天宫做"公转"。这颗卫星是由中国科学院负责研制的，质量约 47 千克，与地球上一位成年女性的体重相仿，其大小相当于一台多功能打印机的大小。别看它小，它的功能还真不少，具备天地观测、通信传输、高效轨道控制等能力。

伴随卫星主要有三个任务：一是需要完成对天宫的成像观测；二是要与天宫进行近距离的驻留实验；三是进行航天新技术验证试验，进一步拓展空间应用。

为了实现对天宫的全方位监测，伴随卫星上装有两台相机：一个是高分辨率全画幅相机，只能在可见光下使用，像素达到 2500 万，可以对天宫进行高清的拍摄，堪称"自拍神器"；另一个是红外相机，主要是用来检测天宫的热辐射分布情况，并传到地球，便于地面人员及时发现天宫的异常，并做出应对措施。

后　记　太空课堂燃起我们心中的梦

此次航天员王亚平的天宫授课，是中国首次、世界第二次的太空课堂，为 2007 年美国航天员芭芭拉·摩根的太空授课再续精彩篇章。令孩子们长久回味的，不是火箭喷发的火焰，而是太空舷窗中的地球景观、明媚灿烂的星空、遥远宇宙的遐想，还有那些奇特的太空失重现象。

此次太空授课由教育部、中国载人航天工程办公室和中国科学技术协会共同主办，中央电视台全场实况转播地面和空间的双向互动交流，全国 6000 余万的师生同步观看，还吸引着全球各国的上亿观众，可谓"世纪大课"，盛况空前。

比较一下美国和中国这两次太空授课，有很多可以让我们自豪的地方。2007 年，芭芭拉·摩根在空间站展示了航天员喝水、举起航天员、失重运动等情景，让 25 分钟的节目充满乐趣和想象，吸引了美国中小学生乐此不疲地参与其中。而这次王亚平老师的亮相更加让人耳目一新，2013 年 6 月 20 日上午，我国 3 名航天员在短暂的 50 分钟内展示了 5 个太空实验，堪称精彩、完美、无与伦比。在失重或是微重力的条件下，王亚平老师带领我们体验了测量体重和单摆运动的乐趣，让我们详细地了解陀螺仪的原理及应用，理解了液体表面张力的现象，给我们演示了由水膜制作太空水球的整个变化过程。其演示的难度、所包含的科技含量远高于 2007 年美国航天员的太空授课。

那么，太空授课的意义何在？人们的争论与质疑之声不断，但听听同学们的感受或许令人欣慰："亚平老师的演示，我可能一辈子也忘不了。因为实验太有趣了，死记硬背的物理原理很抽象，今天看到了奇特案例，还听到了央视主持和嘉宾的拓展性讲解，真的受益匪浅。"还有孩子们天真地期待："太空真奇妙！那里没有空气污染，没有生态破坏，还能看到明亮的星星。"显然，太空授课的成功开展，激发了孩子们对科学的向往、对天空的向往，延伸了他们的视线，增加了他们的知识厚度。

从牛顿的苹果到万有引力、从爱因斯坦的自由下落电梯到时空弯曲，人类就是从自身感受出发，寻找宇宙万物背后的原理。太空授课开启了多少孩子的心灵窗口，让他们有了刻骨铭心的记忆，真正走出了课堂，亲身体验了世界，感知到了科学就在身边。毋庸置疑，太空授课点燃了孩子们的太空梦想，激发了孩子们的爱国情怀。太空梦想也是他们心中的中国梦。

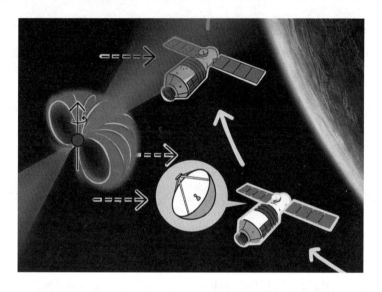

　　回顾并类比 1970 年中国第一颗人造卫星的成功发射，那时我上小学一年级，倾听来自太空的"东方红"旋律，激发了我不断仰望星空、探求宇宙奥秘的冲动，也点燃了我们这一代人的科学梦想。随着两弹一星的成功，我国走进了大国俱乐部，实现了中华民族屹立于世界民族之林的梦想。又经过改革开放，我国走过了西方国家 300 年的历程，成为继美国之后的第二大经济体。

　　一个成功的航天工程运作，将提升和检验一个国家的综合实力，包括火箭、飞船、测控、中继卫星等航天技术，还有材料、电子、通信、信息、精密仪器、现代化工业体系的联动，以及配套的工艺技术，从而也推动了各类相关科技研究水平。天宫课堂在 300 多千米的太空，1.5 小时围绕地球一周，在失重状态下进行实验拍摄，其成功的实施标志着我国多体系协作的良好磨合。

　　从苏联的航天员加加林 1961 年首次环绕地球，到美国的阿姆斯特朗 1969 年在月球留下第一个人类脚印，再到我国航天员杨利伟 2003 年的飞天成功，再到我国太空授课的完美实现，这见证了大国崛起的轨迹。

　　随着 21 世纪的全球化进程，人类活动从陆地、海洋、天空向着太空拓展，我们也面临着环境恶化、能源资源危机、极端气候、人口激增、战争和恐怖威胁，这些未来潜在危机的解决依赖于对太空技术的掌控。假如孩子们不能有效地认识太空、缺乏太空知识，未来一旦遭遇突发危机，他们必将措手不及。海洋资源的平等分享、空间资源的和平利用，这已经是迫在眉睫的全球战略话题。而未来海洋开发必须有来自空间的导航和保障，所以在青少年中普及太空科技知识是尤为重要的。

　　无疑，这次太空授课展示了中国精神，显示了中国力量，也预示了中国正在进入中华民族伟大复兴的轨道。首次太空授课，中国"亮出肌肉"展示了我们的"软实力"。小朋友们的太空梦想和爱国热情是不是都在这次太空授课中被激发起来了呢？

　　最后，让我们一起回味王亚平老师的话："飞天梦永不失重，科学梦张力无限。"让太空课堂点燃孩子们的梦想，点亮我们每一个人心中的中国梦。希望小朋友们能为了实现我们的中国梦而发奋图强！

图书在版编目（CIP）数据

奇妙的太空探秘：随神舟进入太空课堂／张承民编著．
—北京：北京师范大学出版社，2020.9
（牛顿科学馆）
ISBN 978-7-303-23354-0

Ⅰ．① 奇…　Ⅱ．① 张…　Ⅲ．① 宇宙－普及读物
Ⅳ．① P159-49

中国版本图书馆 CIP 数据核字（2018）第 009189 号

营　销　中　心　电　话	010-58807651
北师大出版社高等教育分社微信公众号	新外大街拾玖号

QIMIAO DE TAIKONG TANMI
SUI SHENZHOU JINRU TAIKONG KETANG
出版发行：北京师范大学出版社 www.bnup.com
　　　　　北京市西城区新街口外大街 12-3 号
　　　　　邮政编码：100088

印　　刷	北京溢漾印刷有限公司
经　　销	全国新华书店
开　　本	890 mm×1240 mm　1/32
印　　张	5.625
字　　数	102 千字
版　　次	2020 年 9 月第 1 版
印　　次	2020 年 9 月第 1 次印刷
定　　价	45.00 元

策划编辑：尹卫霞　周益群	责任编辑：马力敏
美术编辑：李向昕	装帧设计：李向昕
责任校对：康　悦	责任印制：马　洁